BIOLOGIE HEUTE SII entdecken

Schwerpunktmaterialien 1

Schroedel

Biologie heute entdecken S II
Schwerpunktmaterialien 1

Annette Bökehof-Reckelkamm
Heinrich Joußen
Hannelore Kühnen
Gisela Telgmann

Bildquellen:
Titelbild: Silvestris
11-M1: Agro Concept, Bonn
11-M2: Agro Concept, Bonn
11-M3: Agro Concept, Bonn
16-M4-A: Fiedler, FBN Dummerstorf
16-M4-B: Fiedler, FBN Dummerstorf
48-M2: Lieder

Druck A² / Jahr 2006

Alle Drucke der Serie A sind im Unterricht parallel verwendbar.

Redaktion: Heike Römming, Ulrike Wallek
Illustrationen: Birgitt Biermann-Schickling, Liselotte Lüddecke
Umschlaggestaltung: Janssen Kahlert Design & Kommunikation GmbH
Satz: media service schmidt, Hildesheim
Druck und Bindung: westermann druck GmbH, Braunschweig

ISBN 978-3-507-10567-6
alt: 3-507-10567-5

Vorwort

Vertiefung obligatorisch zu vermittelnder Inhalte und Methoden
Anwendungsbezug
Fachübergreifende Aspekte
Ganzheitlichkeit
Vernetzung
Schulung allgemeiner Kompetenzen

All dies sind Forderungen, die die Richtlinien des Landes Nordrhein-Westfalen an die Durchführung von Schwerpunktvorhaben stellen. Die vorliegende Materialiensammlung bietet in drei Bänden insgesamt 21 für den Unterricht aufbereitete Themen und dient der Unterstützung der Kolleginnen und Kollegen bei dieser anspruchsvollen Aufgabe. Jedes Thema enthält Material für neun bis zwölf Unterrichtsstunden.

Obligatorische Inhalte werden an konkreten Beispielen problemorientiert und vertiefend behandelt. Bisher nicht bearbeitete Themen werden vorgestellt, die neugierig machen und vielfältige Vernetzungen aufzeigen. Dabei arbeiten die Schülerinnen und Schüler in erster Linie nach dem Prinzip der naturwissenschaftlichen Erkenntnisgewinnung. Ein Problem steht im Mittelpunkt, weckt das Interesse und wird schrittweise gelöst. Bei der Bearbeitung des Materials lassen sich vielfältige weiterführende Fragestellungen entwickeln. Natürlich werden dabei auch moderne Medien zur Erkenntnisgewinnung eingesetzt, zum Beispiel die gezielte Recherche im Internet und die sich anschließende mediale Präsentation der Ergebnisse. Eine wichtige Rolle spielt das traditionelle Experiment, das zur praktischen Untersuchung den Einsatz von Mikroskop und Nachweismitteln erfordert. Darüber hinaus werden Modellexperimente durchgeführt. Ein problemorientierter, materialgebundener und handlungsorientierter Arbeitsunterricht mit einem hohen Maß an Eigentätigkeit durch die Schülerinnen und Schüler, so lassen sich die übergeordneten Auswahlkriterien am besten beschreiben. Die Vielfältigkeit der angebotenen Lernmethoden trägt damit der Forderung nach einer stärkeren Individualisierung des Unterrichts Rechnung.

Die Aufbereitung des Materials zu den einzelnen Themen ermöglicht den Einsatz verschiedener Lehrmethoden und akzeptiert die unterschiedlichen methodisch-didaktischen Ansätze der einzelnen Kolleginnen und Kollegen. Das Maß an Lenkung kann unter Berücksichtigung der konkreten Schülergruppe selbst bestimmt werden. Viele der Materialien bieten darüber hinaus die Möglichkeit zur Entwicklung von Klausuraufgaben.

Inhalt

Morphologie der Kartoffel

M1 Kartoffelpflanze

Die Kartoffel stammt aus den peruanischen Anden und wird heute auch als das Schwarze Gold der Inkas bezeichnet. Über die Spanier gelangte die Kartoffel im 16. Jahrhundert nach Europa. Dort wurde sie zunächst wegen ihrer schönen Blüten als Zierpflanze gezüchtet.

M2 Vergleich der Kartoffelknolle mit einem Weidenzweig

Material: Weidenzweig, Kartoffelknolle, ca. 20 Stecknadeln, 50 cm Zwirn

Durchführung: Stecken Sie in die Augen der Kartoffelknolle je eine Stecknadel. Wickeln Sie vom Nabel der Kartoffel beginnend einen Faden von Stecknadel zu Stecknadel. Versehen Sie nun die Knospen des Weidenzweiges mit Stecknadeln und umwickeln Sie ihn wie die Kartoffel mit einem Faden.

M3 Makroskopische Untersuchung

Material: Kartoffelknolle, Messer

Durchführung: Schneiden Sie eine Kartoffelknolle längs durch und zeichnen Sie ihren Längsschnitt. Vergleichen Sie Ihre Zeichnung mit der Abbildung M4 und beschriften Sie Ihre Zeichnung!

M4 Längsschnitt durch eine Kartoffelknolle

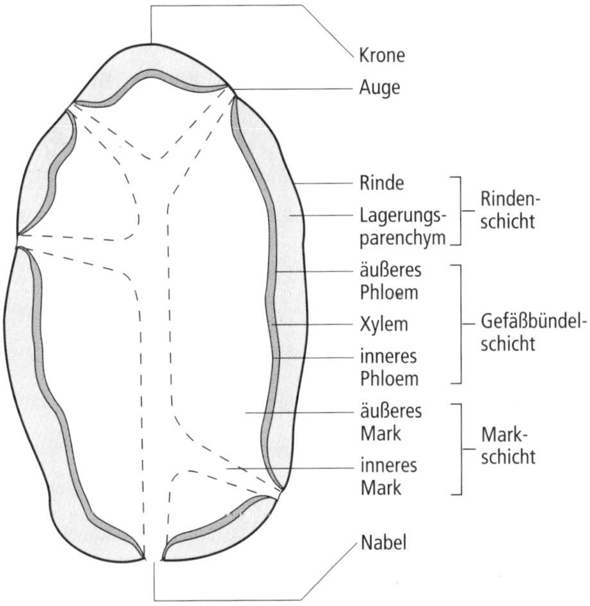

M5 Mikroskopische Untersuchung der Kartoffelknolle

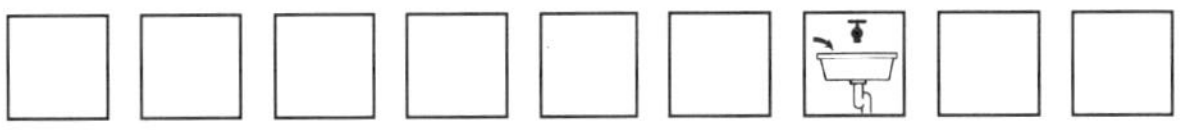

Material: Kartoffelknolle, Mikroskop, Objektträger, Deckglas, Rasierklinge, Spatel, LUGOLsche Lösung, Pipette

Durchführung: Fertigen Sie mithilfe der Rasierklinge ein Frischpräparat Ihres Längsschnitts an. Mikroskopieren Sie Ihr Präparat (Vergrößerung ca. 150fach) und zeichnen Sie ein Übersichtsbild. Übertragen Sie etwas Kartoffelsaft mithilfe des Spatels auf einen Objektträger und decken Sie das Präparat mit einem Deckglas ab. Färben Sie das Präparat mit LUGOLscher Lösung an, mikroskopieren und zeichnen Sie es!

1. Informieren Sie sich über den Aufbau der Kartoffelpflanze und fertigen Sie einen Steckbrief an!
2. Mit welcher Ihnen bekannten Gemüsepflanze ist die Kartoffel verwandt? Welche Merkmale stimmen mit der Pflanze Ihrer Wahl überein?
3. Vergleichen Sie die Kartoffelknolle mit dem Weidenzweig und werten Sie Ihre Ergebnisse aus (M2)!
4. Deuten und begründen Sie anhand ihrer makro- und mikroskopischen Untersuchungen, ob es sich bei der Kartoffel um eine Spross- oder Wurzelknolle handelt (M3, M4, M5)!
5. Die Kartoffel wird im Feldanbau über die Knolle vermehrt. Begründen Sie, warum nicht der Samen hierzu verwendet wird!

Inhaltsstoffe

Nachdem die Kartoffel lange Zeit in Europa nur als Zierpflanze bekannt war, wurde der Ernährungswert ihrer Knollen im 17. Jahrhundert entdeckt. Aufgrund ihrer Inhaltsstoffe erwiesen sie sich als Grundnahrungsmittel. Anfangs waren Kartoffeln als Nahrungsmittel vornehmlich dem Adel vorbehalten, erst später wurden sie ein Volksnahrungsmittel, das vielen Menschen in Hungerszeiten, zum Beispiel während und nach dem 30-jährigen Krieg, das Leben gerettet hat. Heute ist der Kartoffelanbau weltweit ein wichtiger Wirtschaftszweig in der Landwirtschaft. Mithilfe der folgenden Versuche lassen sich einige der Inhaltsstoffe nachweisen.

M1 Gewinnung der Kartoffelstärke

Material: Kartoffelknolle, Messer, Reibe, Schale, Gaze, Filter, Erlenmeyerkolben
Durchführung: Schälen Sie die Kartoffel, reiben Sie sie und filtrieren Sie den Kartoffelbrei durch die Gaze in den Erlenmeyerkolben. Lassen Sie das Filtrat so lange stehen, bis sich ein weißer Niederschlag abgesetzt hat.

M2 Nachweis der Kartoffelstärke

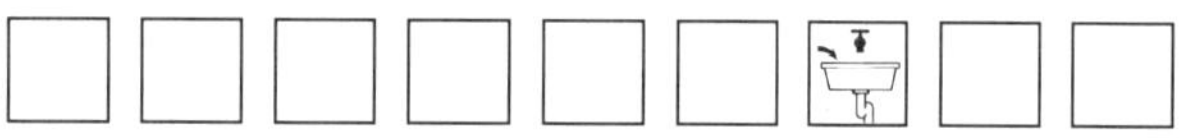

Material: Bodensatz des Filtrats aus M1, Amylose (lösliche Stärke), LUGOLsche Lösung, destilliertes Wasser, Pipette, 3 Reagenzgläser, Reagenzglasgestell
Durchführung: Beschriften Sie die drei Reagenzgläser mit 1 bis 3. Geben Sie in das erste Reagenzglas 5 ml destilliertes Wasser, in das zweite 0,5 g Amylose gelöst in 5 ml destilliertem Wasser und in das dritte Reagenzglas 0,5 g von dem festen Bodensatz aus M1 in 5 ml destilliertem Wasser. Geben Sie je drei Tropfen LUGOLsche Lösung zu den drei Proben.

M3 Mikroskopieren der Kartoffelstärke

Material: Bodensatz aus M1, Mikroskop, Objektträger, Deckgläser, 2 Tropfpipetten, Filterpapier, Wasser, LUGOLsche Lösung
Durchführung: Geben Sie einen Tropfen Wasser auf den Objektträger, übertragen Sie mithilfe der Pipette etwas Bodensatz in den Wassertropfen und decken Sie Ihr Präparat mit dem Deckglas ab. Mikroskopieren Sie mit der größten Vergrößerung. Geben Sie mit der zweiten Pipette einen Tropfen von der LUGOLschen Lösung an den Rand des Deckglases. Setzen Sie an der gegenüberliegenden Seite einen Filterstreifen an den Rand des Deckglases und saugen Sie dort die Flüssigkeit ab.

M4 Vitamin C-Nachweis

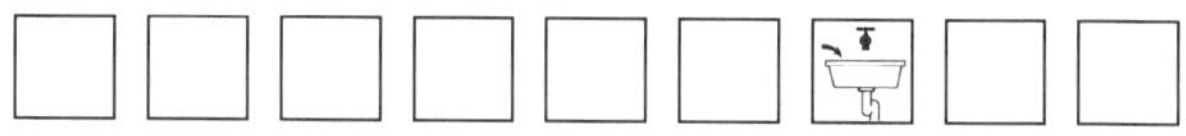

Material: mittelgroße, gewaschene Kartoffel, Ascorbinsäure, 2,6-Dichlorphenolindophenol (DCPIP), destilliertes Wasser, 3 Reagenzgläser, Reagenzglasgestell, Becherglas (250 ml), 2 Tropfpipetten, Löffel mit Spatelstiel, Trichter, Rundfilter, wasserfester Schreiber, Reibe
Durchführung: Kennzeichnen Sie die drei Reagenzgläser mit 1 bis 3. Reiben Sie die Kartoffeln, filtrieren Sie den Kartoffelbrei und fangen Sie den Kartoffelsaft mit dem Becherglas auf. Pipettieren Sie in die Reagenzgläser 1 und 2 DCPIP bis zu einer Höhe von 3 cm. Geben Sie unter leichtem Schütteln in das Reagenzglas 1 tropfenweise den Saft der geriebenen Kartoffel, bis die Lösung entfärbt ist. Geben Sie eine Spatelspitze Ascorbinsäure in das Reagenzglas 3 und füllen Sie es mit destilliertem Wasser bis zu einer Höhe von 5 cm auf. Geben Sie in das Reagenzglas 2 tropfenweise Ascorbinsäure aus Reagenzglas 3, bis sich die Lösung entfärbt.

1. Führen Sie die Versuche M1 bis M4 durch, notieren Sie Ihre Beobachtungen und werten Sie sie schriftlich aus!
2. Zeichnen und beschreiben Sie das Stärkekorn (M3)! Stellen Sie Hypothesen auf, wie der Aufbau zustande kommt! Erläutern Sie auch den Aufbau der Stärke in diesem Zusammenhang!
3. Neben Stärke und Vitamin C sind auch Proteine, Fette und Wasser in der Kartoffel enthalten. Planen Sie hierzu geeignete Versuche und führen Sie sie durch!
4. Nehmen Sie Stellung zu der Behauptung, dass die Kartoffel im 30-jährigen Krieg als Grundnahrungsmittel vielen Menschen das Leben gerettet hat!

Stoffwechsel 1

M1 Stoffwechsel der Kartoffelpflanze

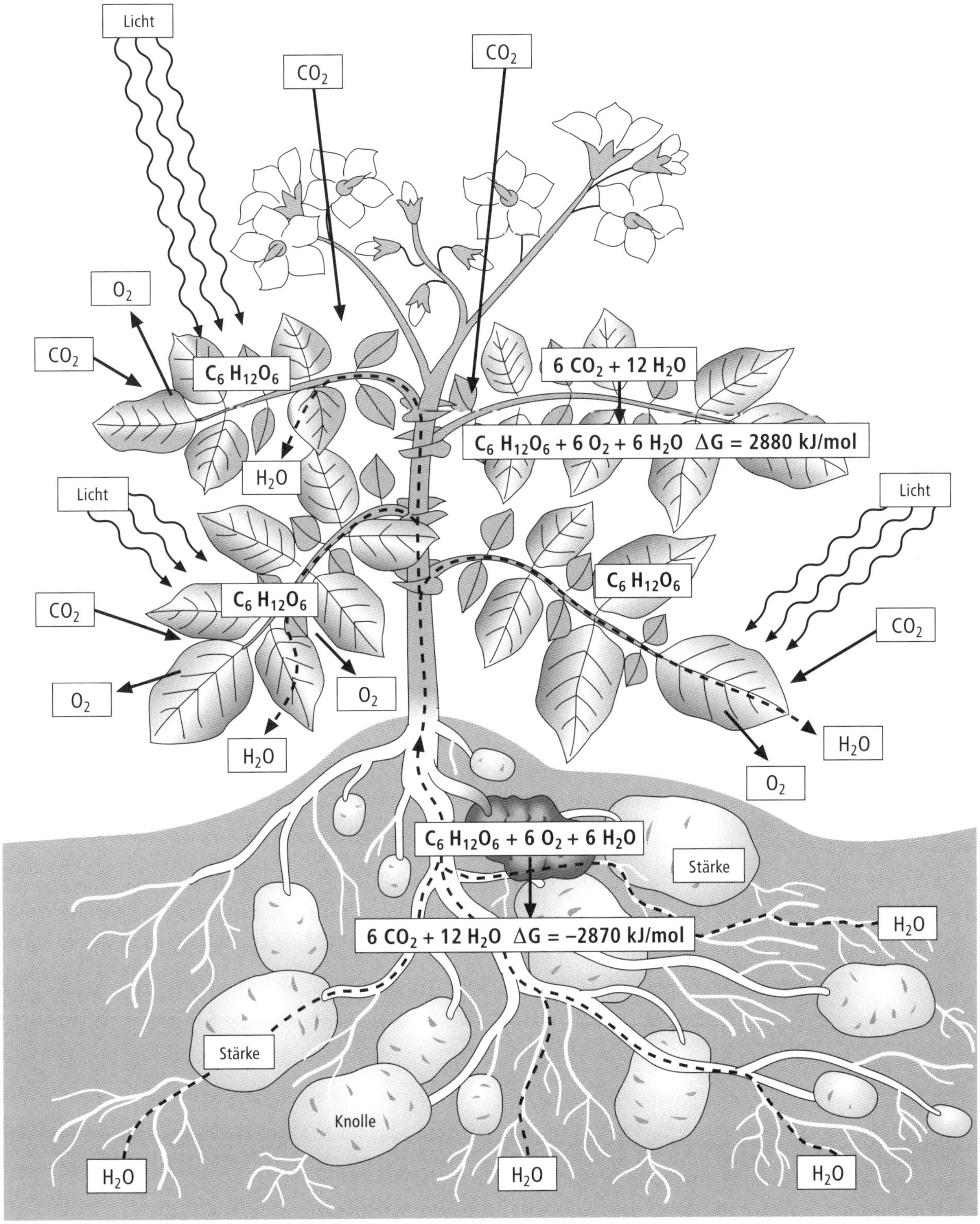

1. In der Abbildung sind verschiedene Stoffwechselvorgänge dargestellt. Erläutern Sie diese!
2. Erläutern Sie in diesem Zusammenhang auch, warum die Kartoffel als Grundnahrungsmittel eingestuft und das Schwarze Gold der Inkas genannt wird!

Stoffwechsel 2

Unter bestimmten Voraussetzungen verändern sich die Inhaltsstoffe der Kartoffel bezüglich ihrer Quantität und Qualität. So gehen zum Beispiel bei der Keimung und dem Kochen der Kartoffel wichtige Nährstoffe verloren. Dies lässt sich anhand geeigneter Versuche nachweisen.

M1 Keimung

Hängt man eine keimende Kartoffel mithilfe eines Drahtes in ein mit Bariumhydroxid-Lösung (C) versetztes Gefäß, zum Beispiel in einen Erlenmeyerkolben, und verschließt es luftdicht, so bildet sich am Boden dieses Gefäßes nach 10 bis 30 Minuten ein weißer Niederschlag von Bariumcarbonat (Xn). Bariumcarbonat entsteht, wenn Bariumhydroxid mit Kohlenstoffdioxid reagiert.

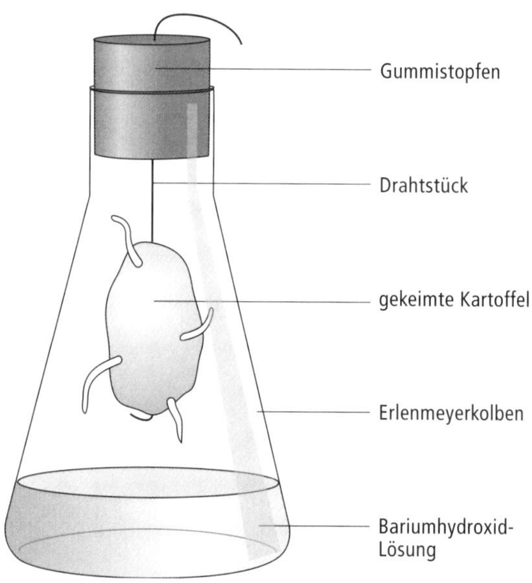

Versuchsaufbau

M2 Stärkegehalt und Speichel

In verschiedenen Reagenzgläsern wurden gleiche Mengen einer 1%igen Stärkelösung aus Kartoffelstärke und Wasser gegeben. Anschließend wurden die Proben einer unterschiedlichen Behandlung unterzogen. Probe 1 blieb unbehandelt. Probe 2 wurde mit frischem Speichel und Probe 3 mit abgekochtem Speichel versehen. Alle Proben wurden danach mit LUGOLscher Lösung versetzt.

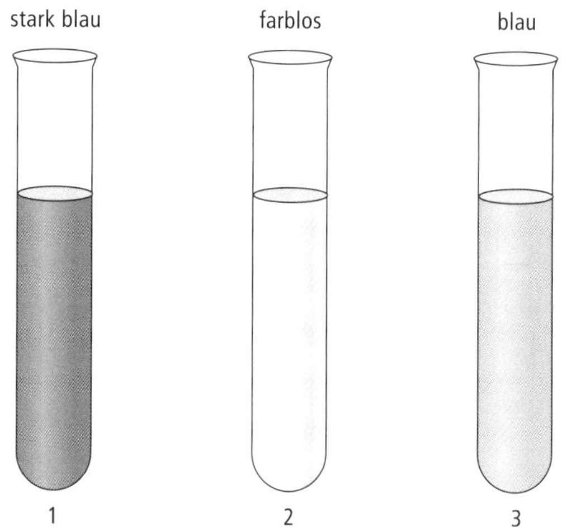

Ergebnis

M3 Verlust an Vitamin C durch Zubereitung

Material: 600 g gleichgroße Kartoffeln, Kochtopf, Waage, Teststäbchen zur Bestimmung des Vitamin C-Gehalts, Salz, Messer

Durchführung: 200 g Kartoffeln mit der Schale und 200 g Kartoffeln ohne Schale werden je in 500 ml Wasser mit 5 g Salz gegart. 200 g Kartoffeln ohne Schale werden erst in Leitungswasser gewässert und dann in 500 ml Wasser mit 5 g Salz gegart. Anschließend wird der Vitamin C-Gehalt der Kartoffeln und des Garwassers mithilfe der Teststäbchen ermittelt.

1. Werten Sie das Ergebnis des Versuchs M1 aus und erläutern Sie, welcher Stoffwechselprozess zu Grunde liegt! Entwickeln Sie einen Kontrollversuch, mit dessen Hilfe Sie beweisen können, dass der Niederschlag nicht aus dem Kohlenstoffdioxid der Luft entsteht!
2. Erläutern Sie begründet die Ergebnisse der Farbnachweisreaktionen (M2)! Erklären Sie in diesem Zusammenhang auch, warum Probe 1 unbehandelt bleibt!
3. Wegen der Unverdaulichkeit roher Kartoffeln müssen sie gekocht werden. Pellkartoffeln verlieren dabei etwa 4 % an Masse und Salzkartoffeln etwa 17 %. Untersuchen Sie mithilfe von M3 den Verlust von Vitamin C bei Pell- und Salzkartoffeln und setzen Sie die Ergebnisse in Bezug zum jeweiligen Masseverlust! Warum ist der Masseverlust bei Salzkartoffeln höher als bei Pellkartoffeln?

Qualitätsverlust durch Lagerung

M1 Tipps für die Kartoffellagerung in Keller- und Vorratsräumen

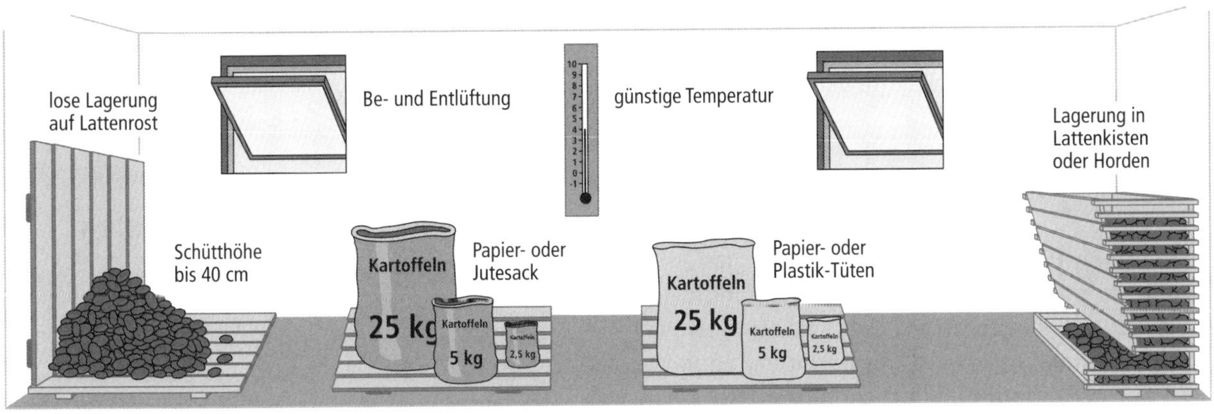

M2 Stoffwechselvorgänge gelagerter Kartoffeln

Im Oktober geerntete Kartoffeln werden häufig in den Haushalten über Winter gelagert. Nach dem Abtrennen der Knolle von der Pflanze wird die Knolle ein eigenständiger Organismus. Nach der Reife befindet sie sich zunächst in der Keimruhe, als Ursache werden Hemmstoffe angesehen.

Als eigenständiger Organismus führt die Knolle Atmungsvorgänge durch und baut die gespeicherte Stärke mithilfe von Enzymen allmählich zu Glucose ab. Durch weitere Enzymsysteme wird die Glucose schließlich zu Kohlenstoffdioxid und Wasser abgebaut. Das Verhältnis der umgesetzten Gasmenge Kohlenstoffdioxid : Sauerstoff ist dabei 1 : 1. Untersuchungen ergaben, dass die Atmungsgeschwindigkeit bei 4 °C ihr Minimum und bei circa 40 °C ihr Maximum hat. Durch falsche Lagerung kann die Keimruhe verkürzt werden, da mit zunehmendem Abbau der Kohlenhydrate die Hemmstoffe abnehmen. Eine Untersuchung gelagerter Kartoffeln in einem schlecht isolierten Lagerraum führte zu den folgenden Ergebnissen.

Im Dezember betrug die gemessene Lagertemperatur 3 °C und im April circa 20 °C. Die Kartoffeln waren beim Einlagern von harter und runder Konsistenz. Mit zunehmender Lagerung veränderten die Kartoffeln ihre Form, wurden weich und schrumpelig und verloren an Gewicht. Der Geschmack dieser Kartoffeln war zunächst süß, mit zunehmender Temperatur verloren sie jedoch immer mehr an Süße. Die stichpunktartigen Messungen des Vitamin C-Gehaltes ergaben folgende Werte:

Kartoffel Nr.	Oktober Vitamin C-Gehalt mg/100 g	März Vitamin C-Gehalt mg/100 g
1	20	10
2	21	11
3	18	8
4	22	13
5	19	9
6	20	10

Vitamin C-Gehalt gelagerter Kartoffeln

1. Die Abbildung M1 zeigt einen optimalen Lagerraum auf Empfehlung des AID-Verbraucherdienstes. Außerdem empfiehlt dieser, Kartoffeln mit möglichst wenig Augen einzukellern, die Kartoffelkeime zu entfernen und Plastiktüten zu öffnen. Erläutern Sie begründend diese Empfehlungen!
2. Erläutern Sie die Stoffwechselvorgänge während der Keimruhe und erklären Sie, warum durch falsche Lagerung die Keimruhe verkürzt wird! Berechnen Sie den Vitamin C-Gehalt im Oktober und März, indem Sie den Mittelwert bilden! Diskutieren Sie das Ergebnis!
3. Entwickeln Sie eine Hypothese, warum die Kartoffeln mit zunehmender Lagerung erst süß schmecken und dann zunehmend ihren süßen Geschmack verlieren!

Nematoden

Die Kartoffel ist wirtschaftlich eine produktive Pflanze. Durch Viren, Bakterien und Pilzinfektionen kann ihre Ernte jedoch stark beeinträchtigt werden. Auch Schädlinge wie die Nematoden können beträchtlichen Schaden anrichten.

M1 Steckbrief Nematoden

Nematoden (Rundwürmer) haben einen fadenförmigen, langgestreckten Körper. Im Querschnitt sind sie drehrund. Ihre Hautfarbe ist normalerweise farblos, manchmal schimmert der Darminhalt oder das Blut durch die Haut und lässt sie farbig erscheinen. Die Oberfläche ihres Körpers ist glatt oder geringelt, manchmal mit Borsten, Stacheln oder Schuppen versehen und mit einer harten, aber biegsamen Cuticula geschützt. Unter der dünnen Haut befindet sich eine Schicht von Längsmuskeln. Sie bildet mit der Haut den Hautmuskelschlauch. Der Wurm bewegt sich durch die abwechselnde Kontraktion der Bauch- und Rückenseite schlängelnd vorwärts. Als Antagonist wirkt dabei die Cuticula und die Leibeshöhlenflüssigkeit (Hydroskelett). Den Schlund umschlingt ein Nervenfaserring, über den die Nervenzellen meist diffus verteilt sind. Er bildet das Gehirn. Von dort zieht je ein Nervenstrang auf der Bauch- beziehungsweise Rückenseite zum Wurmende. Beide Nervenstränge sind miteinander mehrfach durch feinere Nervenfasern verbunden. Der Darm durchzieht schlauchartig wie eine Röhre den Wurm, ohne Darmschleifen zu bilden. Der Anfang des Darms, der Schlund und das Ende des Darms sind innen mit einer Cuticula überzogen. Das Mittelstück ist nur mit einem Hautgewebe ausgekleidet. Über den Darm wird auch der Wasserhaushalt reguliert. Der Gasaustausch findet bei den Nematoden ausschließlich durch die Haut statt. Die meisten Nematoden sind getrenntgeschlechtlich, nur wenige Arten sind Zwitter. Die Keimdrüsen beziehungsweise Gonaden sind röhrenförmig und die beiden schlauchförmigen Ovarien liegen hintereinander, sie gehen über die Eileiter in den Uterus über. Dieser führt in der Mitte der Bauchseite nach außen.

Die Männchen sind kleiner als die Weibchen. Ihre meist unpaarigen Hoden münden am Hinterende in die Kloake. Mithilfe der Spicula (Kopulationsorgan) begattet das Männchen das Weibchen. Bei manchen Arten schwellen die trächtigen Weibchen kugelig an.

M2 Nematoden: Weibchen und Männchen im Längsschnitt

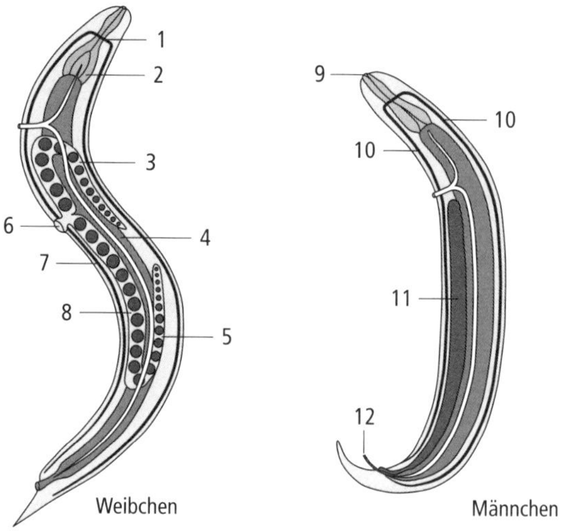

M3 Beschaffen von Nematoden

Blattälchen (Nematoden) lassen sich in Begonien, Farnen, Primeln, Usambaraveilchen und Gloxinien nachweisen. Befallene Pflanzen sind an den Veränderungen der Blätter zu erkennen. Blattälchen leben im Bodenwasser und schwimmen an die Bodenoberfläche und weiter an den Pflanzen empor, wenn diese zum Beispiel durch Regen oder Gießen nass werden. Über die Spaltöffnungen gelangt der Wurm dann in die Blätter. Dort saugt er die Zellen aus. Da die Blattadern ein unüberwindbares Hindernis sind, bilden sich mit der Zeit glasige, später braune, eckig abgegrenzte Flecken. Schneiden Sie befallene Blätter klein und geben Sie diese in ein mit Wasser gefülltes Glas. Nach kurzer Zeit schwimmen die Würmer an der Wasseroberfläche.

1. Informieren Sie sich mithilfe des Textes über den Bau der Nematoden und ordnen Sie den Ziffern der Abbildung M2 die Namen der Organe eines Nematoden zu!
2. Untersuchen Sie die Nematoden aus M3 mit dem Binokular! Schreiben Sie Ihre Beobachtungen auf und zeichnen Sie den von Ihnen gefundenen Wurm!

Gelber Kartoffelnematode

M1 Zysten an der Wurzel

M2 Zyste löst sich auf

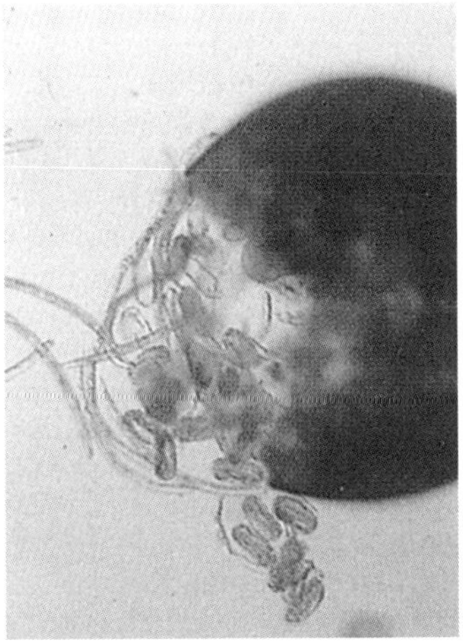

M3 Larven (Gelber Kartoffelnematode)

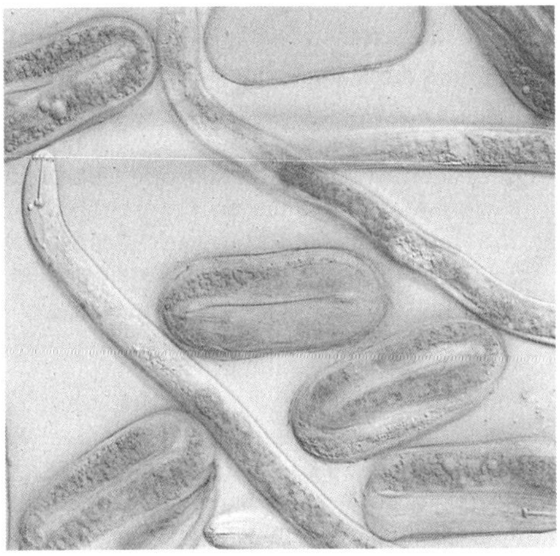

M4 Entwicklungszyklus des Gelben Kartoffelnematoden

Der Gelbe Kartoffelnematode kommt hauptsächlich in der Bodenoberfläche vor. Gelegentlich werden aber auch Zysten in einer Tiefe von 60 bis 90 cm gefunden. Sie werden durch Wind, Wasser, Ackergeräte und Kartoffelknollen mit anhaftender Erde verbreitet.

Die Kartoffelnematoden gehören zu den getrenntgeschlechtlichen Arten. Sie entwickeln sich aus Eiern, die sich in Zysten an den Wurzeln von Kartoffeln befinden. Eine Zyste enthält 200 bis 300 Eier, aus denen sich wurmförmige Larven, die sich zweimal häuten, entwickeln. Aufgrund bestimmter Wurzelausscheidungen verlassen die Larven von März bis Juli die Zysten, durchwandern den Boden und dringen in die Wurzelrinde junger Kartoffelpflanzen ein. Dabei legen sie eine Strecke von etwa 20 cm zurück. Etwa 30 Prozent der Larven verbleiben in den Zysten und entwickeln sich vorerst nicht weiter. Durch die Ausscheidungen der Larven lösen sich die Zellwände auf, und es bilden sich im Rindengewebe der Wurzeln so genannte Riesenzellen (mehrkernige Syncytien), von dessen Inhalt sich die Nematodenlarve ernährt. Innerhalb von 14 Tagen häutet sich die Larve ein drittes und viertes Mal und entwickelt sich zum geschlechtsreifen Männchen oder Weibchen. Nachdem die Körper der Weibchen stark angeschwollen sind, verlassen sie die Wurzeln und heften sich mit dem Kopfende an die Wirtspflanze an. Das Männchen verlässt nach der vierten Häutung die Wirtspflanze und begattet das Weibchen. Nach Absterben des Weibchens verfestigt sich seine Haut und bildet eine Dauerzyste für die Eier und Larven. Diese Zysten sind sehr widerstandsfähig und können lange im Boden überdauern. Bei geeigneten Lebensbedingungen bohren sich die Larven ins Freie, befallen neue Wurzeln und schädigen diese. Der Entwicklungszyklus eines Nematoden dauert etwa 64 bis 75 Tage. In einem Kalenderjahr entwickelt sich nur eine Generation. Fehlt die geeignete Wirtspflanze, kann ein Teil der Larven bis zu zwölf Jahre und mehr innerhalb der Zysten überleben. Dabei vermindert sich jedoch die Anzahl der Larven um 30 Prozent. Der Gelbe Kartoffelnematode ist ein ernst zu nehmender Schädling. Der durch ihn verursachte Ernteausfall kann über 50 Prozent betragen.

1. Skizzieren Sie anhand des Textes den Entwicklungszyklus des Gelben Kartoffelnematoden (M4)!
2. Nach dem BGBl (Bundesgesetzblatt) ist es nicht erlaubt, ein mit Nematoden befallenes Feld in den nächsten sechs Jahren mit Kartoffeln zu bepflanzen. Informieren Sie sich über die Gefährlichkeit der Nematoden! Begründen Sie, warum der Anbau von Kartoffeln bei Nematodenbefall des Ackers gesetzlich geregelt ist!
3. Erläutern Sie, warum das Kartoffelkraut früher traditionell auf den Äckern verbrannt wurde, heute das Verbrennen aber verboten ist!

Lösungen

Vorwissen: Vegetative und generative Fortpflanzung, Kenntnisse über den Aufbau der Kohlenhydrate, Fotosynthese, Dissimilation

Morphologie der Kartoffel

1. Die Kartoffel ist mehrjährig und gehört zu den Nachtschattengewächsen. Die Blätter sind unterbrochen gefiedert. Zwischen zwei großen Blättchen steht immer ein kleines, sie stehen wechselständig am kantigen Stängel. Ihr Blütenstand täuscht eine Dolde vor. Die Blüten bestehen aus einem fünfzipfeligen Kelch, fünf Staubblättern und einem Stempel. Die Frucht ist eine Beere. Charakteristisch sind die unterirdischen Ausläufer mit den Sprossknollen.
2. Die Kartoffel gehört zu den Nachtschattengewächsen und ist mit der Tomate und der Aubergine verwandt. Die Pflanzen sind krautig, ihre Blüten bestehen aus fünf Kelch-, Kron- und Staubblättern. Die Frucht ist eine Beere, und die Blätter sind aus Teilblättern zusammengesetzt.
3. Bei der Kartoffel sowie beim Weidenzweig windet sich der Faden von Auge zu Auge (Seitensprossanlagen) beziehungsweise von Knospe zu Knospe spiralig herum.

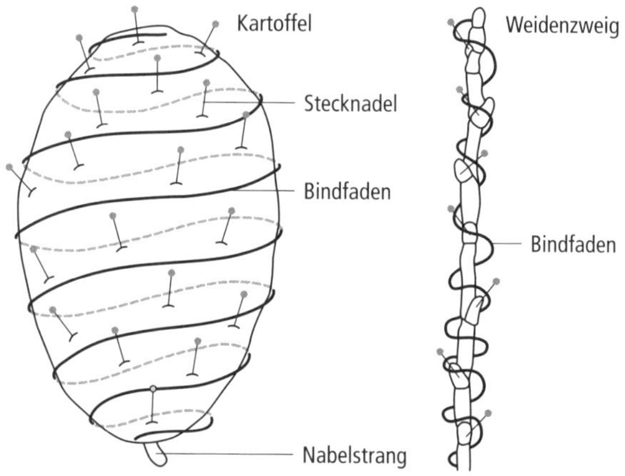

   Die Kartoffel muss eine Sprossknolle sein, da die Augen oder Seitensprossanlagen wie bei dem Weidenzweig spiralig um eine Achse angeordnet sind.
4. Die Kartoffel muss eine Sprossknolle sein, da die Anlagen ihrer Augen der Anordnung eines Weidenzweiges entspricht. Auch weist die Kartoffelknolle im Längsschnitt den typischen Aufbau eines Sprosses auf.
5. Die Knollen werden gezielt ausgesucht. Durch die vegetative Fortpflanzung über die Knolle ist eine gleichmäßige Qualität gesichert. Bei der Samenbildung dagegen wird das Erbgut durch die vorausgehende Befruchtung immer wieder neu kombiniert!

Inhaltsstoffe

1. Der Inhalt von Reagenzglas 1 in Versuch M2 ist hellbraun (verdünnte LUGOLsche Lösung). In Reagenzglas 2 und 3 färbt sich der Inhalt blau. Die blaue Verfärbung beweist, dass die Probe aus Versuch M1 Stärke enthält. Mithilfe von DCPIP kann in Versuch M4 nachgewiesen werden, dass die Kartoffel Vitamin C enthält.
2. Stärke besteht aus zwei Glucanen, der Amylose und dem Amylopektin. Die für die Stärkekörner typische Schichtung kommt durch alternierende Lagen von amorpher Amylose und kristallinem Amylopektin zustande. Optisch kommt es dadurch zu einer Doppelbrechung. Die dunkle Schicht besteht aus Amylopektin und die hellere aus Amylose.
3. Proteine lassen sich mit Teststreifen, der Biuret-Probe oder Säuren nachweisen. Fett lässt sich mit einem Abdruck auf einem Filterpapier oder mit Sudan III nachweisen und Wasser, indem man eine Kartoffelscheibe wiegt, trocknen lässt und erneut wiegt.
4. Die Kartoffel enthält wichtige Nährstoffe wie Kohlenhydrate und Proteine sowie Vitamine (vor allem Vitamin C) und Mineralstoffe und kann den Tagesbedarf an den wichtigsten Nährstoffen gut abdecken.

Stoffwechsel 1

1. In den Blättern findet unter Einfluss des Sonnenlichts mithilfe des Blattgrüns die Fotosynthese statt. Das dazu benötigte Kohlenstoffdioxid nimmt die Pflanze über die Blätter und das Wasser mithilfe der Wurzeln auf. Der bei der Fotosynthese entstandene Traubenzucker wird als Stärke in den Knollen gespeichert und später wieder zu Kohlenstoffdioxid und Wasser bei der Dissimilation abgebaut.
2. Die Kartoffel enthält alle wichtigen Nährstoffe, die der Mensch benötigt (siehe Seite 6: „Inhaltsstoffe"). Aus Abbildung M1 wird deutlich, dass Kartoffelknollen Stärkespeicher sind. Stärke deckt als Nährstoff vor allem den Energiebedarf des Betriebsstoffwechsels ab. Für die Inkas ist die Kartoffel eines der wichtigsten Nahrungsmittel gewesen, da auf ihren kargen Böden sonst nicht viel wuchs.

Stoffwechsel 2

1. Da sich auf dem Boden des Gefäßes Bariumcarbonat gebildet hat, muss Kohlenstoffdioxid bei der Keimung entstanden sein. Kohlenstoffdioxid entsteht, wenn die Stärke in der Kartoffel abgebaut wird. Das Kohlenstoffdioxid verbindet sich mit dem Bariumhydroxid und es entsteht Bariumcarbonat.
   Der Versuchsaufbau für den Kontrollversuch kann genauso durchgeführt werden, nur ohne Kartoffel. Bei diesem Versuch bildet sich weniger Niederschlag.
2. Der Speichel in Probe 2 (farblos) hat die Stärke abgebaut. Er enthält Amylase, die durch das Kochen zerstört wird. Deshalb färbt sich Probe 3 blau an. Probe 1 ist der Kontrollversuch.
3. Salz entzieht der Kartoffel wasserlösliche Inhaltsstoffe durch seine osmotische Wirkung. Die Schale der Kartoffel verhindert beim Garen, dass zu viele wasserlösliche Inhaltsstoffe aus der Kartoffel herausgeschwemmt werden. Aus diesem Grund ist der Masseverlust sowie der Verlust an Vitamin C bei geschälten Kartoffeln wesentlich höher als bei ungeschälten.

Qualitätsverlust durch Lagerung

1. Der Lagerraum für Kartoffeln sollte kühl, feucht und dunkel sein. Erhöhte Temperaturen beschleunigen die Stoffwechselvorgänge in der Knolle und damit die Keimung. Kartoffeln mit wenig Augen können weniger Triebe bilden. Bei Lichteinfluss wird die Kartoffel grün und keimt schneller, es werden Giftstoffe (Solanin) gebildet. Da bei der Dissimilation Wasser gebildet und abgegeben wird, fördern geschlossene Plastiktüten die Schimmelbildung. Bei geöffneten Plastiktüten kann Wasser verdunsten, die Schimmelpilzbildung wird verzögert.
2. Während der Keimruhe findet in der Kartoffel Stärkeabbau statt. Bei falscher Lagerung können die daran beteiligten Enzymaktivitäten beschleunigt werden.
   Der Vitamin C-Gehalt beträgt im Oktober im Mittel 20 und im März etwa 10,2 Milligramm pro 100 Gramm Kartoffeln.
   Durch die Lagerung von Oktober bis März verliert die Kartoffel etwa 50 Prozent ihres Vitamin C-Gehaltes und ist deshalb nicht mehr so nahrhaft.
3. Zunächst wird in der Kartoffel mithilfe der Amylase die Stärke in Zucker umgewandelt, dies verursacht den süßen Geschmack der Kartoffel. Bei der Keimung verbrennt die Kartoffel den Zucker, sodass der süße Geschmack zunehmend verloren geht.

Nematoden

1. 1 Nervenfaserring; 2 Schlund; 3 Ovar; 4 Darm; 5 Ovar; 6 Vagina; 7 Nervenstrang; 8 Uterus; 9 Mundöffnung; 10 Nervenstrang; 11 Hoden; 12 Spicula
2. –

Gelber Kartoffelnematode

1.

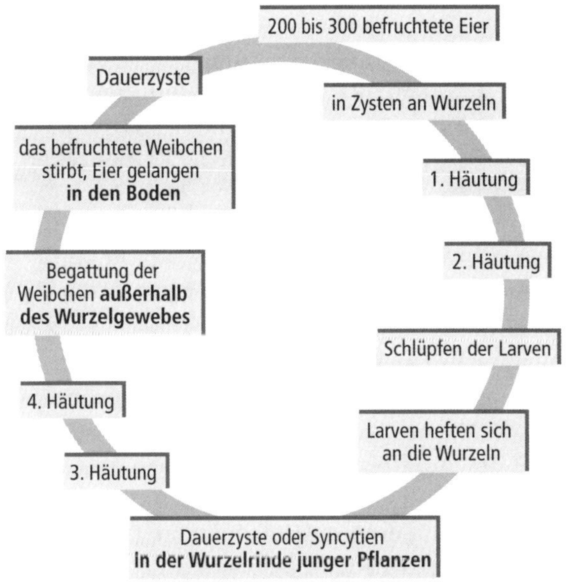

2. Da die Zysten über lange Zeit im Erdreich bleiben können, würde immer wieder eine Neuinfizierung stattfinden.
3. Mit den Pflanzenresten wurden auch die Nematoden in den verschiedenen Entwicklungsstadien verbrannt. Aus ökologischer Sicht ist das Verbrennen heute nicht gerne gesehen oder sogar verboten.

Energiebereitstellung I

M1 Energiebereitstellung in der Muskulatur

Die Bereitstellung von Energie in der Muskulatur ist eine grundlegende Voraussetzung zur Muskelarbeit. Die einzige Energiequelle in den Muskeln ist das ATP in den Mitochondrien der Muskelzellen. Die vorhandene Menge, etwa fünf Mykromol ATP pro Gramm Muskelfeuchtmasse, reicht für drei bis vier Muskelkontraktionen beziehungsweise eine Arbeitszeit von ein bis zwei Sekunden bei starker Belastung. Dabei wird das ATP zu ADP und P abgebaut und Energie freigesetzt.
Bei einem 800-m-Lauf steigt der Energiebedarf auf das 120fache des Ruhewertes. Durch eine schnelle ATP-Resynthese stellt die Muskelzelle neue Energie bereit. Dabei wird aus ADP und P über die Phosphorylierung erneut ATP aufgebaut. Die hierzu notwendige Energie wird teilweise durch die Spaltung eines Energiezwischenspeichers, das Kreatinphosphat, in den Muskeln gewonnen.
Mithilfe des Enzyms Kreatin-Kinase kann das Kreatinphosphat seinen Phosphatrest auf das ADP übertragen. Das so gebildete ATP reicht für drei bis neun Sekunden intensiver Muskelarbeit beziehungsweise zwanzig Muskelkontraktionen. Dauert die Belastung länger als neun Sekunden, so ist die Muskelzelle auf den Abbau energiereicher Nährstoffe angewiesen. Die Hauptenergielieferanten in der Muskulatur sind Fettsäuren und Glucose.
Während die Fettsäuren über die Diffusion aus den Blutkapillaren bezogen werden, wird die Glucose aus dem Glykogen in der Muskulatur gewonnen. Ist die Muskulatur ausreichend mit Sauerstoff versorgt, so wird die Glucose in die Endprodukte Kohlenstoffdioxid und Wasser zerlegt. Durch Steigerung der Herzfrequenz von 70 auf 180 Schläge pro Minute kann dem Muskel ausreichend Sauerstoff zugeführt werden, sodass die Energiebereitstellung gewährleistet ist.
Tritt trotz erhöhter Herzfrequenz und intensiver Atmung ein Sauerstoffdefizit wegen Überlastung ein, so wird die Glucose in zwei Lactatmoleküle (Milchsäure) über den anaeroben Abbau zerlegt. Das Lactat wird in der Muskulatur abgelagert und es tritt eine Übersäuerung der Muskulatur ein. Da ab einem bestimmten Säuerungsgrad die Enzyme der Glykolyse funktionsunfähig werden, kann kein ATP mehr resynthetisiert werden. Die Muskelzelle stellt ihre Tätigkeit ein und dem Sportler werden die Beine schwer.
Das abgelagerte Lactat wird über die Blutbahn zur Leber transportiert und dort erneut zu Glucose aufgebaut. Hat sich im Blut 1,5 Gramm Lactat pro Liter Blut angereichert, so ist das Blut übersäuert und kann keinen Sauerstoff mehr transportieren. Es kommt zur Atemnot. Reduziert der Sportler seine Geschwindigkeit nicht, bricht er schließlich zusammen.

M2 Bereitstellung von ATP für die Muskelarbeit

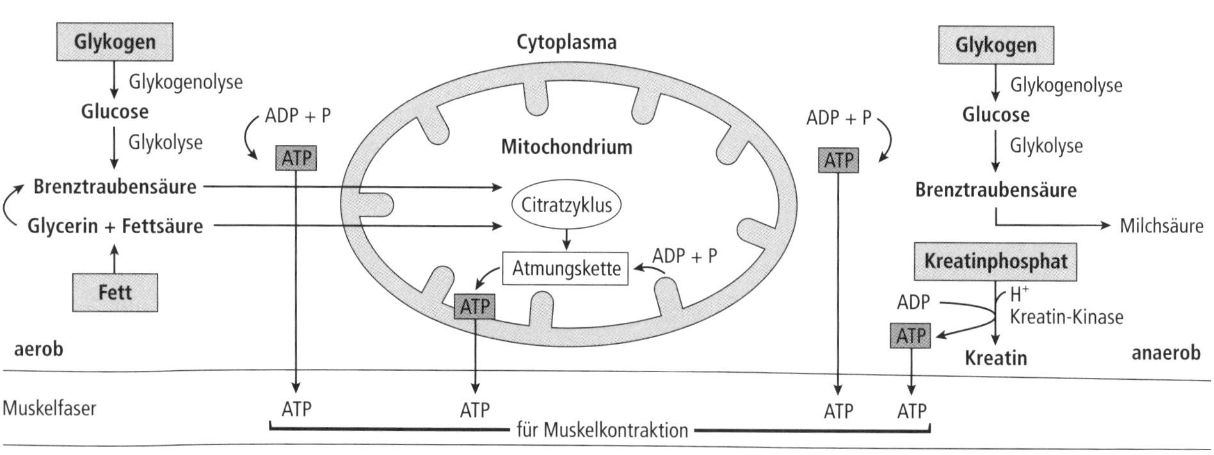

1. Erklären Sie anhand von M1 und M2 die stoffwechselphysiologischen Vorgänge der Energiebereitstellung in der Muskulatur!
2. Nach einem Mittelstreckenlauf kann man häufig beobachten, dass einzelne unter erheblicher Atemnot leidende Läufer schließlich zusammenbrechen. Erklären Sie diesen Zusammenhang!

Energiebereitstellung II

M1 Anteil der Energiebereitstellung in Prozent bei Belastung (gemittelte Werte)

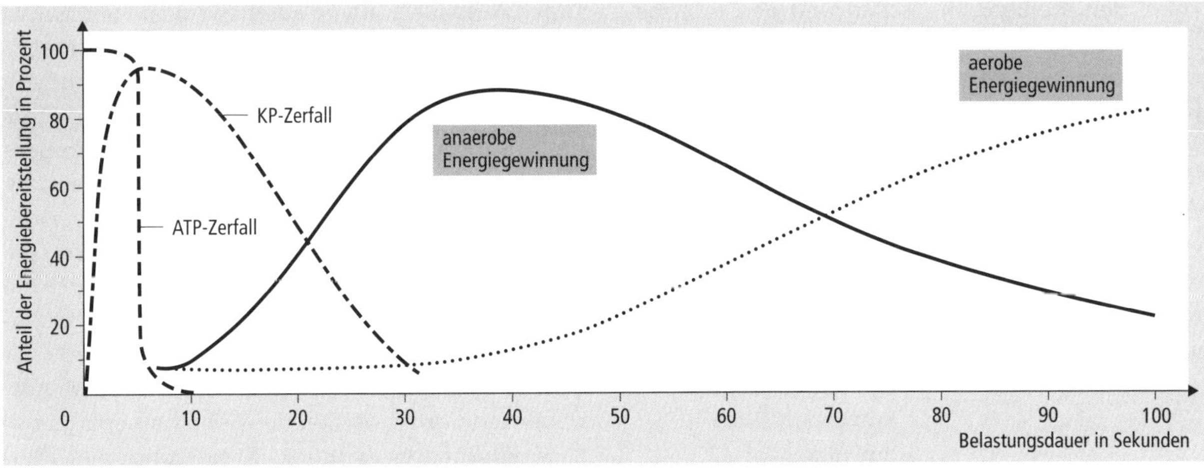

M2 Lactatspiegel in Abhängigkeit von der Laufstrecke

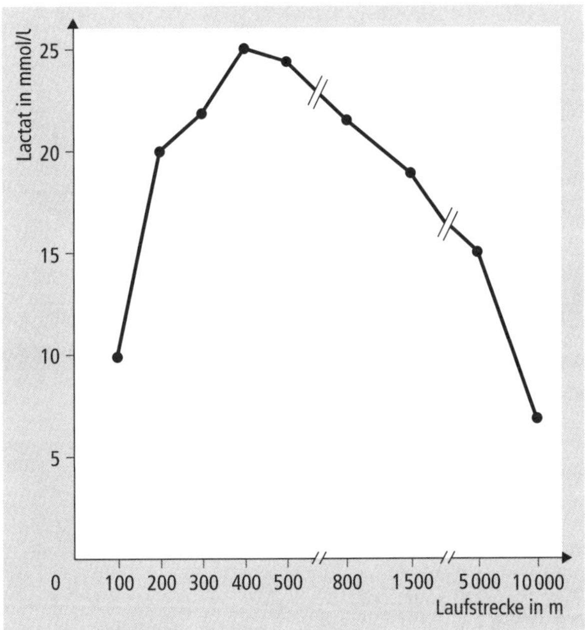

M3 Verhalten von Lactatspiegel, Herzfrequenz (HF) und Sauerstoffaufnahme (VO_2) bei ansteigender Belastung auf dem Laufband

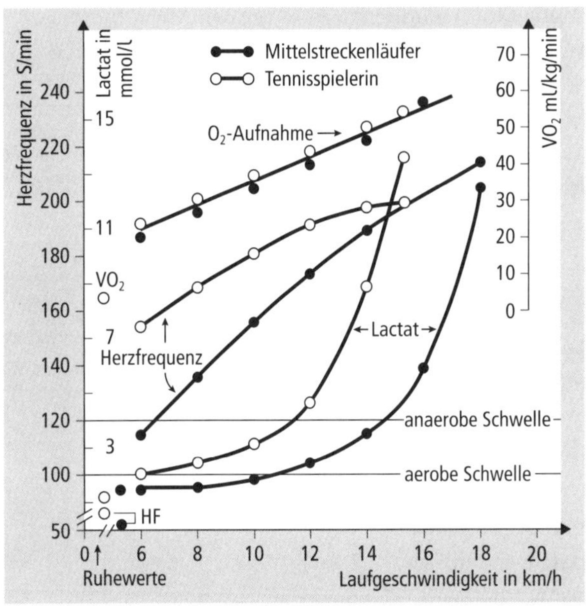

1. Bei Belastung wird die Energie über unterschiedliche Energie liefernde Prozesse bereitgestellt. Beschreiben Sie die Kurven in M1 und diskutieren Sie, warum sich der Weg der Energielieferung bei kurzer Belastung von dem bei Ausdauerbelastung wesentlich unterscheidet!
2. Abbildung M2 gibt den Lactatspiegel im Blut in Abhängigkeit von der Laufstrecke eines Läufers wieder. Beschreiben Sie den Grafen und erläutern Sie das Ergebnis! Nehmen Sie Stellung zu der Behauptung, dass es bei einem 400-m-Lauf aufgrund von ATP-Mangel eher zur Erschöpfung kommt als bei einem 10 000-m-Lauf (siehe hierzu auch Arbeitsblatt „Energiebereitstellung I")!
3. Die Grafik in M3 gibt die Untersuchungsergebnisse einer Tennisspielerin und eines Mittelstreckenläufers bei ansteigender Belastung auf dem Laufband wieder. Vergleichen Sie die Ergebnisse miteinander und deuten Sie!

Muskulatur

Die Muskulatur eines Menschen setzt sich mosaikartig aus verschiedenen Fasertypen, den roten, tonischen, den weißen, phasischen und den intermediären Fasern zusammen. Die rote Färbung der tonischen Fasern beruht auf einem höheren Myoglobingehalt (Muskelfarbstoff).

M1 Unterschiedliches Verhalten im Stoffwechsel von tonischen und phasischen Fasern

tonische Fasern	phasische Fasern
arm an Glykogen	reich an energiereichen Phosphaten (ATP und Kreatinphosphat) und Glykogen
reich an Enzymen des aeroben Stoffwechsels	reich an Enzymen des anaeroben Stoffwechsels, reich an ATPase
viele Mitochondrien	weniger Mitochondrien
Innervation über langsame Neuriten der kleinen Alpha-Motoneuronen (ständige Impulsgebung)	Innervation über schnell leitende Neuriten der großen Alpha-Motoneuronen (keine ständige Impulsgebung)

M2 Unterschiedliche Kontraktionseigenschaften von phasischen und tonischen Fasern

	tonische Fasern	phasische Fasern
Kontraktionszeit	99–140 ms	40–88 ms
Ermüdungsindex	ermüden nicht so schnell	ermüden schnell
maximale Spannung	4,6–15 g (Mittelwert 12 g)	4,6–203,5 g (Mittelwert 25 g)
mittlere Leitungsgeschwindigkeit der Membranen	2,5 m/s	5,4 m/s
ATPase-Aktivität pro mg Myosin (Kaninchenmuskel)	4 nmol P/min	9 nmol P/min

M3 Anpassung des Muskels durch Training

Durch Ausdauertraining nehmen Anzahl und Größe der Mitochondrien zu. Dadurch wird die Gesamtoberfläche der Mitochondrien bis zu 40 Prozent vergrößert und es kommt zu einer Zunahme des Anteils an tonischen Fasern. Zusätzlich kann der Glykogengehalt in den Muskeln durch das Training verdoppelt werden. Außerdem wird durch Ausdauertraining die Fähigkeit, bei submaximaler Belastung die Fettsäuren bevorzugt abzubauen, erhöht. Durch die Zunahme der aeroben Enzymsysteme, des Myoglobingehalts in den Muskelfasern sowie durch die Erhöhung des Glykogendepots nimmt in einem Ausdauer trainierten Muskel der Gehalt an energiereichen Phosphaten (ATP und Kreatinphosphat [KP]) zu.

M4 Mikroskopisches Bild. Querschnitte von tonischen und phasischen Muskelfasern im Oberschenkelmuskel (phasische Faser = schwarz, tonische Faser = grau granuliert)

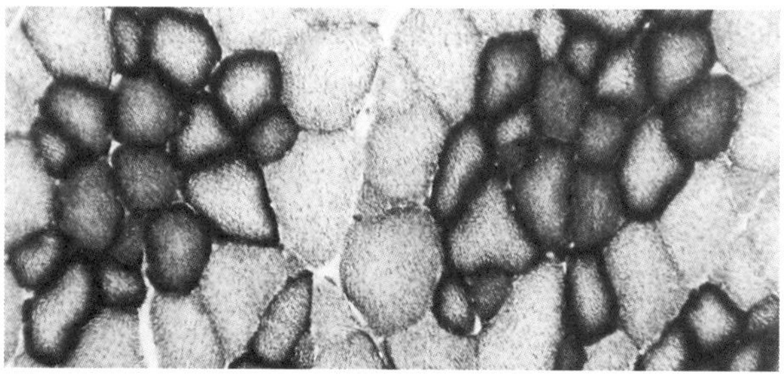

A Überwiegend tonische Fasern (60 : 40)

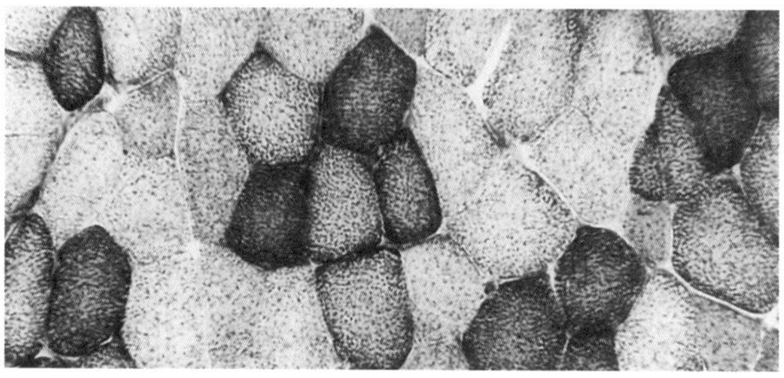

B Überwiegend phasische Fasern (40 : 60)

1. Vergleichen Sie anhand der Tabellen die phasischen und tonischen Muskelfasern miteinander und charakterisieren Sie die verschiedenen Muskelfasern!
2. Beschreiben Sie kurz die beiden mikroskopischen Bilder der Oberschenkelmuskulatur verschiedener Sportler und ordnen Sie sie einem Radfahrer beziehungsweise einem Sprinter zu! Begründen Sie Ihre Aussage!

Äußere Atmung

M1 Lungenvolumen

Mithilfe eines Spirometers wurden bei einem jungen erwachsenen Mann von etwa 180 cm Körpergröße Messungen seiner Lungenvolumina durchgeführt und folgende Ergebnisse ermittelt: Bei normaler Atmung nimmt er pro Atemzug etwa 500 ml Luft auf. Durch maximale Inspiration kann er zusätzliche Luft einatmen. Nach normaler Ausatmung kann er über das normale Maß hinaus zusätzlich Luft ausatmen. Trotz tiefster Ausatmung verbleibt in der Lunge noch eine Restmenge an Luft, die mit dem Spirometer nicht gemessen werden kann (Residualvolumen). Bei Frauen gleichen Alters und gleicher Größe sind die Lungenvolumina um zehn Prozent kleiner als beim Mann. Mit zunehmendem Alter nehmen die Lungenvolumina ab. Belastungsuntersuchungen auf dem Laufband haben gezeigt, dass Spitzensportler bei intensiver Belastung mehr Luft aus- und einatmen als weniger Trainierte.

M2 Messung der Lungenvolumina

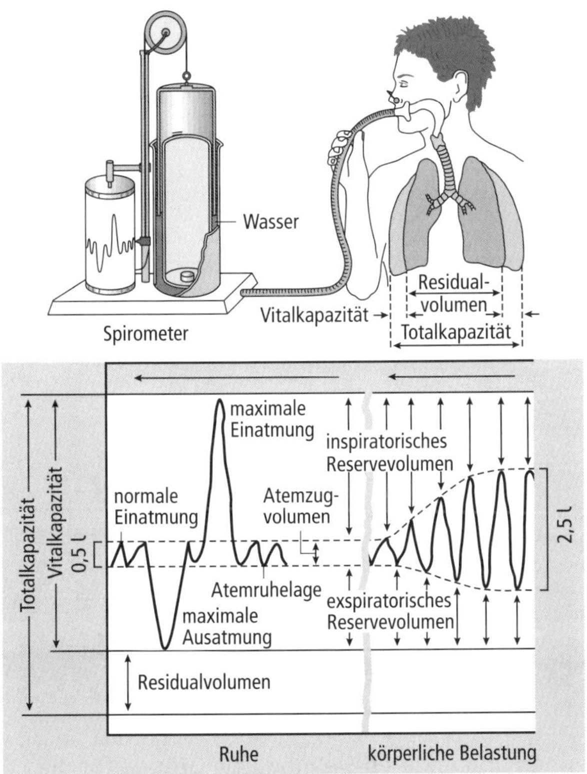

M3 Sauerstoffaufnahme bei A leichter, B mittelschwerer und C schwerer körperlicher Arbeit

Wird der Kohlenstoffdioxidgehalt der ausgeatmeten Luft gemessen, so kann anhand der gemessenen Werte der Sauerstoffverbrauch ermittelt werden.

Die unten abgebildeten Kurven geben den Sauerstoffverbrauch bei unterschiedlicher Belastung wieder.

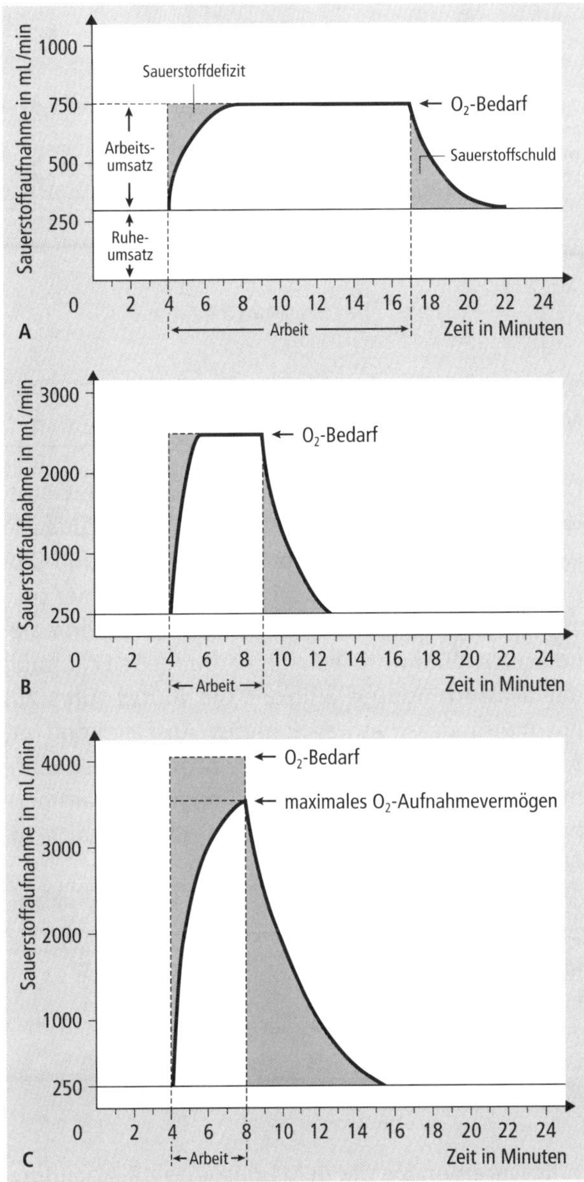

1. Erläutern Sie anhand der Abbildung M2 die Funktionsweise eines Spirometers!
2. Erläutern Sie die Begriffe Vitalkapazität und Lungenvolumen (M2)!
3. Beschreiben Sie die in M3 abgebildeten Kurven! Diskutieren Sie das Ergebnis!

Blutkreislauf

M1 Durchblutung wichtiger Organbereiche im Ruhezustand und bei Belastung

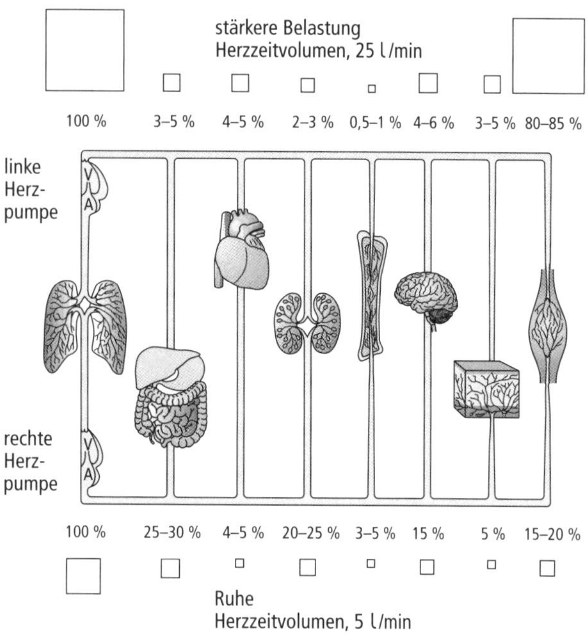

M3 Beziehung zwischen Herzgröße und Herzfrequenz in Ruhe

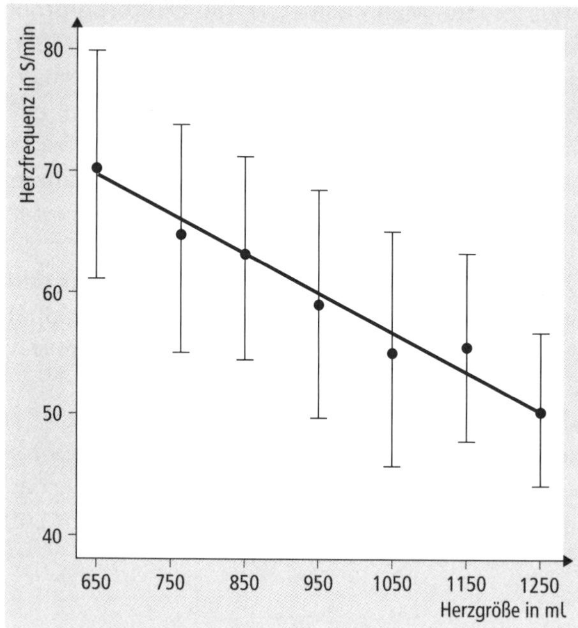

M2 Einfluss des Trainings auf das Blutvolumen

Durch Ausdauertraining kann langfristig das Blutvolumen um 1 bis 2 Liter erhöht werden. Zunächst wird die Menge an den Proteinen Albumin und Globulin im Blut erhöht. Dabei kommt es zu einer prozentualen Verschiebung zugunsten der kleinmolekularen Albumine. Die damit verbundene Erhöhung der Wasserbindungsfähigkeit des Blutes führt zur Erhöhung des Plasmavolumens. Anschließend erfolgt eine Vermehrung der Erythrocyten. Die Zunahme des Blutvolumens steht in engem Zusammenhang mit der Herzgröße und der Herzschlagfrequenz.

	Untrainierte (ml/kg Körpergewicht)	Ausdauertrainierte (ml/kg Körpergewicht)
Blutvolumen	77	95
Plasmavolumen	43	55
Zellvolumen der Erythrocyten	34	40

M4 Beziehung zwischen Herzgröße und Blutvolumen

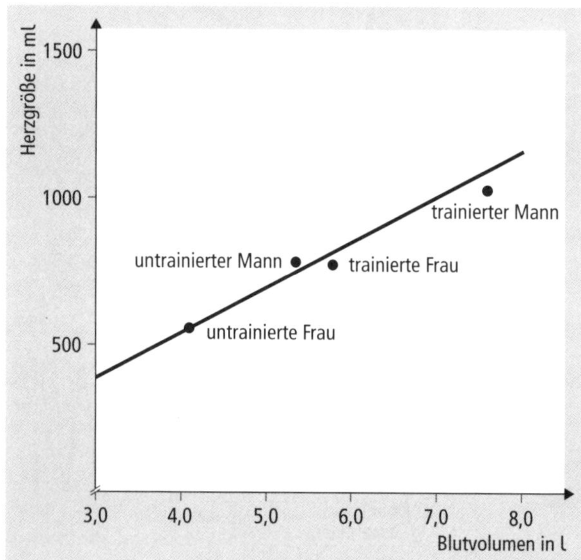

1. Beschreiben Sie die in M1 dargestellte Abbildung! Nennen und erklären Sie mögliche Gründe für die Umverteilung der Durchblutung einzelner Organbereiche!
2. Beschreiben Sie die beiden Kurven in M3 und M4 und diskutieren Sie die Zusammenhänge zwischen Blutvolumen, Herzgröße und Herzfrequenz! Welche Folgen ergeben sich für die Sportler?
3. Die Veränderungen des Blutkreislaufsystems stehen in enger Verbindung mit der Energiebereitstellung in der Muskulatur. Erläutern Sie diese und begründen Sie Ihre Aussage!

Mühlegg bekommt Goldmedaille aberkannt

Lasutina und Danilowa ebenfalls als Dopingsünder entlarvt

Johann Mühlegg und die beiden russischen Skilangläuferinnen Larissa Lasutina und Olga Danilowa wurden am 21. Februar 2002 in A- und B-Probe positiv auf das in seiner Wirkungsweise dem Blutdopingmittel Erythropoietin (EPO) ähnelnden Aranesp mit dem Wirkstoff Darbepoietin getestet.

M1 Erythropoietin (EPO) ist bei den Ausdauersportlern zurzeit die Modedroge

Das Hormon Erythropoietin (EPO) wird überwiegend in den Nieren gebildet und regt im Knochenmark bei Sauerstoffbedarf die Bildung der Roten Blutkörperchen an. Die Wirkung des EPOs wird durch Androgene, Thyroxin und Wachstumshormone verstärkt. Chemisch besteht EPO aus Aminosäureketten und an vier Stellen verschieden gebundenen Kohlenhydratketten. Es ist ein Glykoprotein. Durch EPO wird die Erythrocytenzahl erhöht und dadurch die Sauerstoffaufnahmefähigkeit (VO_2) im Blut gesteigert.
Bevor EPO als geeignetes Dopingmittel zur Verbesserung der Sauerstoffaufnahmekapazität bekannt wurde, wurden Bluttransfusionen von Fremdblut (homologe Transfusionen) oder Eigenbluttransfusionen (autologe Transfusionen), häufig noch in Verbindung mit Höhentraining, durchgeführt. Alle Methoden haben zum Ziel, die Erythrocytenzahl zu erhöhen und somit die Ausdauerleistung zu steigern.
Eine Erhöhung um 0,3 Gramm Hämoglobin pro 100 Milliliter Blut bewirkt, dass die maximale Sauerstoffaufnahmefähigkeit (VO_2max) um ein Prozent gesteigert werden kann. EPO erhöht den Hauptregulator der Erythrocytenbildung im Knochenmark. Bei der autologen Bluttransfusion wird nach der Blutentnahme die fehlende Blutmenge vom Körper wieder nachgebildet. Drei bis vier Wochen später erfolgt eine Reinfusion des entnommenen Blutes. Dadurch wird die Erythrocytenzahl beziehungsweise Sauerstoffaufnahmefähigkeit erhöht. Nach zwei bis drei Behandlungen steigt die maximale Sauerstoffaufnahmefähigkeit um 3,9 bis 6,7 Prozent an. Bei einem 10 000-m-Lauf kann die Leistung nach vier Behandlungen um bis zu einer Minute verbessert werden.
Durch die Erhöhung der Zellbestandteile im Blut steigt auch die Viskosität des Blutes, was zu einer Verklumpungs- und Thrombosegefahr führen kann. Bei einer homologen Bluttransfusion besteht zudem das Risiko der Übertragung von Viren, zum Beispiel von HIV, oder der Blutunverträglichkeit.

Der Nachweis von Blutdoping ist schwierig. Heute verwendet man zwei verschiedene Verfahren, das direkte Verfahren und das indirekte. Bei dem direkten Verfahren wird mittels der Gelelektrophorese die Blutprobe aufgetrennt, wobei gentechnisch hergestelltes EPO etwas anders wandert als das humane EPO. Der anschließende Nachweis erfolgt mit Antikörpern. Bei der indirekten Bestimmung werden die Blutparameter, wie Erythrocytenzahl und Hämoglobinkonzentration, erfasst, die sich nach der Einnahme von EPO verändern. Hierzu sind mehrere Verlaufskontrollen nötig, um von jedem Athleten ein individuelles Blutprofil zu erstellen und ein Doping mit EPO beurteilen zu können.

1. Bei einem Sportler mit 6,6 Litern Blut wurde ein Hämatokritwert (Anteil der zellulären Bestandteile am Volumen des Blutes) von 3,3 Litern festgestellt – das entspricht 50 Prozent der Gesamtmenge.
   Nach Schweißverlust hat dieser Sportler eine Blutmenge von 6,1 Litern, sein Hämatokritwert liegt immer noch bei 3,3 Litern.
   Berechnen Sie den prozentualen Anteil des Hämatokrits!
   Diskutieren Sie, ob die indirekte Methode ein geeignetes Nachweisverfahren ist und stellen Sie sie der direkten gegenüber!
2. Stellen Sie die Dopingmethode mit EPO den herkömmlichen, vergleichbaren Methoden gegenüber! Erläutern Sie in diesem Zusammenhang, warum EPO als Modedroge bezeichnet wird!
3. Nehmen Sie Stellung zu den oben beschriebenen Dopingfällen während der Olympischen Spiele im Winter 2002! Erklären Sie, warum EPO bevorzugt von Ausdauersportlern eingenommen wird! Erläutern Sie auch die damit verbundenen möglichen Risiken!

Lösungen

Vorwissen: Citratzyklus, Milchsäuregärung, Blutkreislauf, Atmung, Glykogenolyse

Energiebereitstellung I

1. Die für die Muskelkontraktion benötigte Energie wird durch die einzige Energiequelle, das ATP, bereitgestellt. Durch die Abspaltung eines Phosphatrestes wird die Energie freigesetzt. Das ADP wird über die Phosphorylierung erneut zu ATP aufgebaut. Der aus der Spaltung des Kreatinphosphates gewonnene Phosphatrest wird mithilfe der Kreatin-Kinase auf das ADP übertragen. Bei längerer Belastung wird die Energie aus dem Abbau von Fettsäuren und Glykogen gewonnen. Dies erfolgt bei ausreichender Sauerstoffversorgung über den aeroben Weg. Als Endprodukt entsteht Kohlenstoffdioxid und Wasser. Bei einem Sauerstoffdefizit erfolgt der Abbau auf anaerobem Weg unter Bildung von Lactat. Bei kurzer Belastung muss die Energiebereitstellung sehr schnell erfolgen, weshalb diese zunächst über das vorhandene ATP und Kreatinphosphat bereitgestellt wird. Bei der aeroben Energiebereitstellung wird Sauerstoff benötigt. Da dieser erst über den Blutkreislauf zur Muskulatur transportiert werden muss, erfolgt bei der Kurzstrecke die Energiebereitstellung überwiegend anaerob. Bei einer längeren Belastungsdauer kann dann die effektivere aerobe Energiebereitstellung erfolgen.
2. Bei einem Mittelstreckenlauf kann die Energie nur über den anaeroben Weg ausreichend bereitgestellt werden. Das dabei entstehende Lactat wird in der Muskulatur abgelagert und über die Blutbahn zur Leber transportiert. Ist zu viel Lactat im Blut, kann das Blut wegen Übersäuerung keinen Sauerstoff mehr transportieren und es kommt zur Atemnot.

Energiebereitstellung II

1. Bei beiden Läufern wird in der ersten Sekunde die Energie über den ATP- und KTP-Zerfall gedeckt. Gleichzeitig steigt die Energiegewinnung über den anaeroben oxidativen Abbau an. Nach 30 Sekunden setzt die aerobe Energiegewinnung ein. Diese steigt kontinuierlich an, während die anaerobe Energiegewinnung nach 40 Sekunden deutlich abnimmt. Die Energiebereitstellung über den aeroben Weg ist wesentlich effektiver als die anaerobe. Beim aeroben Abbau wird das Glykogen über die Glykogenolyse, die Glykolyse, den Citratzyklus und die Atmungskette abgebaut, während beim anaeroben Abbau nur die Glykogenolyse und die Milchsäuregärung ablaufen (siehe Seite 14: „Energiebereitstellung I"). Die Energieausbeute beim aeroben Abbau beträgt 1098 kJ/mol Glucose. Beim anaeroben Abbau ist die Ausbeute mit 61 kJ/mol Glucose deutlich geringer.
2. Der in M2 dargestellte Graf gibt die Anreicherung von Lactat im Blut in Abhängigkeit von der Laufstrecke wieder. Auf den ersten 400 m steigt der Lactatspiegel steil bis auf 25 mmol pro Liter an. Dann nimmt die Konzentration langsam ab. Am Ende eines 10 000-Meter-Laufes beträgt die Lactatkonzentration im Blut nur noch etwa 6 mmol pro Liter. Durch die hohen Lactatwerte im Blut beim 400-m-Lauf kann es zu einer Übersäuerung kommen. Als Folge wird der Sauerstofftransport im Blut verhindert und somit auch die ATP-Bildung. In der Muskulatur kann keine Energie mehr bereitgestellt werden und es kommt zur Erschöpfung. Da der 10 000-Meter-Läufer auf den ersten 400 Metern sich nicht wie der 400-Meter-Läufer maximal belastet, tritt bei ihm keine Erschöpfung nach 400 Metern auf.
3. Die Sauerstoffaufnahme ist bei der Tennisspielerin und beim Mittelstreckenläufer gleich. Lactatwerte sowie die Herzfrequenz sind bei dem Läufer im Vergleich zur Tennisspielerin deutlich geringer. Dies lässt auf eine trainingsbedingte bessere Anpassung des Mittelstreckenläufers schließen. Die niedrigere Herzfrequenz ist auf ein höheres Schlagvolumen zurückzuführen. Die geringeren Lactatwerte bei gleichem Sauerstoffverbrauch sind bedingt durch eine bessere Nutzung des Sauerstoffs bei den Stoffwechselprozessen. Durch Ausdauertraining kommt es unter anderem zu einer Kapillarisierung beziehungsweise besseren Durchblutung der Muskulatur, gleichzeitig bewirkt eine Mitochondrienvermehrung eine erhöhte Enzymbereitstellung für den aeroben Stoffwechsel. Diese Anpassungserscheinungen bewirken, dass bei gleicher Laufleistung eine geringere Übersäuerung und damit eine langsamere Ermüdung eintritt.

Muskulatur

1. Die langsamen tonischen Muskelfasern können sich nicht so schnell kontrahieren (99 bis 140 ms), da sie die Energie aus der ATP-Spaltung über den langsameren aeroben Stoffwechsel beziehen. Sie enthalten viele Mitochondrien, in denen sich die Enzyme der aeroben Energiegewinnung befinden. Der hohe Anteil des Myoglobins, das für den Sauerstoff im Muskel zuständig ist, und die höhere Kapillarisierung der Muskeln liefern den für den Stoffwechsel benötigten Sauerstoff. Die tonischen Fasern ermüden nicht so schnell, da beim aeroben Stoffwechsel kein Lactat gebildet wird. Die neurale Versorgung erfolgt über langsam leitende Neuriten. Die Leitungsgeschwindigkeit der Membranen beträgt 2,5 Meter pro Sekunde. Die Spannkraft der tonischen Fasern beträgt maximal 15 Gramm.
   Die schnellen phasischen Muskelfasern sind reich an Phosphaten, Glykogen und ATPase, einem Enzym, das in den Myofibrillen aus der Spaltung des ATPs Energie freisetzt. Der hohe Anteil weiterer Enzyme lässt das ATP anaerob schnell resynthetisieren. Dies befähigt den Muskel, ohne Sauerstoffzufuhr schnell Spannkraft, etwa 88 ms, aufzubauen. Der Anteil der Mitochondrien ist dagegen sehr viel geringer, sodass die aerobe Energiebereitstellung herabgesetzt ist. Bei länger andauernder Tätigkeit ermüden die phasischen Fasern deshalb schneller und sind für Ausdauerbeanspruchungen weniger geeignet als die langsamen Fasern. In Muskeln für schnelle Bewegungen befinden sich überwiegend phasische, in Haltemuskeln tonische Fasern.
2. Der Muskel in Abbildung A weist überwiegend tonische Fasern auf und enthält wenig phasische Fasern. Tonische Fasern ermüden aufgrund des besseren aeroben Stoffwechsels nicht so schnell, deshalb ist der Muskel in Abbildung A dem Radfahrer zuzuordnen. Der Muskel in Abbildung B enthält viele phasische Fasern und nur relativ wenig tonische und ist deshalb dem Sprinter zuzuordnen. Bei dem Radfahrer muss über

einen wesentlich längeren Zeitraum die Energiebereitstellung gewährleistet sein als bei dem Sprinter. Der Sprinter benötigt nur wenige Sekunden eine ausreichende Energiebereitstellung, sodass er seinen Energiebedarf über den anaeroben Stoffwechsel ausreichend abdecken kann.

Äußere Atmung

1. Der Sportler atmet über einen Schlauch in ein Gefäß, das sich in einem mit Wasser gefüllten Behälter befindet und so von der Außenluft abgeschlossen ist. Das Gefäß hängt an einem Gegengewicht. Atmet die Versuchsperson über den Schlauch in das Spirometer, hebt und senkt sich die Glocke. Mithilfe eines Schreibhebels kann diese Bewegung aufgezeichnet werden.
2. Bei einem Atemzug werden normalerweise etwa 0,5 Liter Luft eingeatmet. Luftvolumen, das bei einer vertieften Atmung zusätzlich eingeatmet werden kann, heißt inspiratorisches Reservevolumen. Die maximale Ausatmung wird als exspiratorisches Reservevolumen bezeichnet. Inspiratorisches und exspiratorisches Reservevolumen sowie Atemzugvolumen ergeben die Vitalkapazität. Trotz maximaler Ausatmung bleibt ein Teil der Luft in der Lunge; dies wird als Residualvolumen bezeichnet. Bei intensiver körperlicher Belastung kann das Atemzugvolumen bis auf 2,5 Liter erhöht werden, dann nehmen exspiratorisches und inspiratorisches Reservevolumen bei gleichbleibender Vitalkapazität ab.
3. In den ersten sieben Minuten ist in Abbildung A der Sauerstoffbedarf höher als die Sauerstoffaufnahme (Sauerstoffdefizit). Nach der Belastung nimmt die Sauerstoffaufnahme (Sauerstoffschuld) langsam ab. Die Phasen des Sauerstoffdefizits und die der Sauerstoffschuld sind ungefähr gleich. Bei mittlerer Belastung (Abbildung B) ist der Sauerstoffbedarf wesentlich höher und der Zeitraum des Sauerstoffdefizits geringer als der der Sauerstoffschuld. Bei schwerer Belastung (Abbildung C) steigt der Sauerstoffbedarf auf den maximalen Wert an und kann nicht gedeckt werden. Die Phase der Sauerstoffschuld ist deutlich länger als die des Sauerstoffdefizits.

Blutkreislauf

1. In der Abbildung ist die Durchblutung einzelner Organbereiche bei stärkerer Belastung und in Ruhe dargestellt. Bei Belastung gibt es eine Umverteilung der Durchblutung einzelner Organe. Während die Durchblutung der Muskulatur um das Vierfache ansteigt, bleibt die Durchblutung des Herzens konstant. Bei allen anderen Organbereichen nimmt die Durchblutung ab. Bei Belastung werden die Muskeln am stärksten beansprucht und müssen mit Sauerstoff und Glucose für die Energiebereitstellung ausreichend versorgt werden.
2. Der Graf in M3 gibt die Relation zwischen der Größe des Herzens und der Herzfrequenz wieder. Die Kurve verläuft linear. In Ruhe ist die Herzfrequenz beim Sportler mit dem größten Herzen am geringsten und mit dem kleinsten Herzen am größten. Mit zunehmender Herzgröße nimmt der Herzschlag proportional ab. Aus dem Grafen in M4 geht hervor, dass mit Zunahme des Blutvolumens die Herzgröße, gemessen in Milliliter, zunimmt. Eine Frau kann durch Ausdauertraining das Blutvolumen von 4 auf etwa 5,8 Liter erhöhen. Das Herz vergrößert sich etwa um 300 Milliliter. Dies entspricht einer Herzgröße eines untrainierten Mannes mit einem Blutvolumen von 5,2 Litern. Beim trainierten Mann vergrößert sich das Herz auf fast 1000 Milliliter bei einem Blutvolumen von etwa 7,5 Litern. Das bedeutet, der Sportler kann mit einem Herzschlag mehr Blut in die Adern pumpen.
3. Durch die Erhöhung des Blutvolumens und der Herzgröße kann bei einem Herzschlag mehr Blut durch die Blutgefäße gepumpt werden. Es wird mehr Sauerstoff, mehr Glucose und mehr Fettsäure zu den Muskeln transportiert. Dadurch wird die Energiebereitstellung gesteigert; der Muskel ist leistungsfähiger. Durch die Herabsetzung des Herzschlages wird weniger Energie verbraucht.

Doping

1. Nach Schweißverlust beträgt der Hämatokritwert 54,11 Prozent. Die indirekte Nachweismethode eignet sich nur, wenn die Blutwerte eines Sportlers über einen längeren Zeitraum ermittelt wurden, um eine Vergleichbarkeit zu erhalten. Die Werte können auch durch Training oder Krankheit verändert werden. Die direkte Methode ist genauer, aber aufwändiger. Die Ergebnisse liegen nicht so schnell vor.
2. EPO bewirkt eine unphysiologische Leistungssteigerung, die durch Manipulation des Körpers erzielt wird. Es sorgt für eine vermehrte Bildung der Erythrocyten. Dadurch wird die Sauerstoffbindungskapazität erhöht, es gelangt mehr Sauerstoff zur Muskulatur, die Energiebereitstellung ist erhöht und der Sportler ist bezüglich seiner Ausdauer leistungsfähiger. Da die Leistungssteigerung in diesem Fall nicht durch Training erzielt wurde und sich nur auf den Sauerstofftransport auswirkt, kann es an anderer Stelle im Körper zu Defiziten kommen. Durch die Vermehrung der Erythrocyten nimmt die Viskosität zu und damit die Thrombosegefahr. Doping mit EPO ist vergleichbar mit homologen und autologen Transfusionen sowie dem Höhentraining. Bei allen Methoden wird die Sauerstofftransportkapazität erhöht. Die Manipulation des Körpers mit EPO ist nicht so aufwändig wie die herkömmlichen Methoden. Doping mit EPO ist relativ neu. Da EPO im Labor noch nicht so gut nachzuweisen ist, ist EPO bei allen Ausdauersportlern (Radfahrer, Langstreckenläufer) sehr beliebt, weshalb EPO auch als Modedroge bezeichnet wird.
3. Die erwähnten Sportler haben die Medaillen aberkannt bekommen, da sie auf verbotene Weise ihre Leistung gesteigert haben. EPO wird bevorzugt von Ausdauersportlern verwendet, da das Medikament die Anzahl der Erythrocyten im Blut erhöht. Ein Ausdauersportler stellt seine Energie aerob bereit und kann so die Sauerstoffzufuhr erhöhen. EPO fördert die Bildung der Erythrocyten. Durch die Erhöhung der Erythrocytenzahl steigt die Viskosität des Blutes und damit die Thrombosegefahr.

Die Niere – mehr als ein Ausscheidungsorgan

M1 Aufgaben der Niere

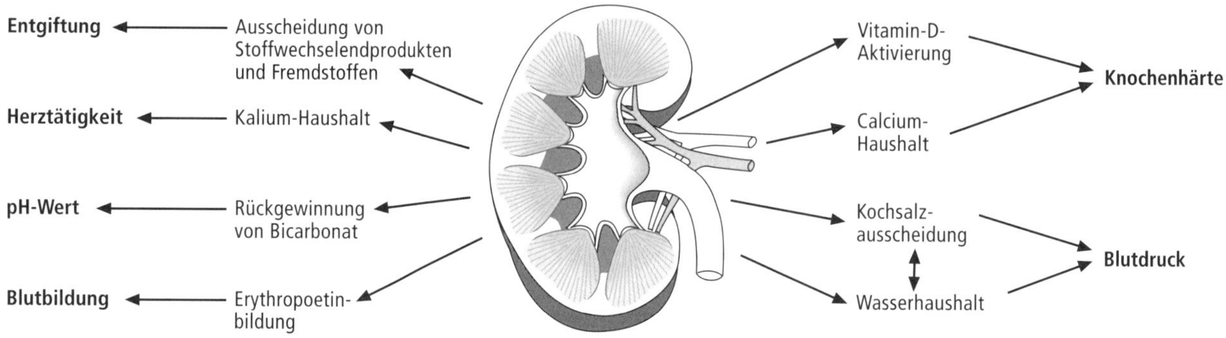

M2 Eine Patientin erinnert sich

„Mein Leben lang war ich kerngesund. Ich hatte Bärenkräfte und stemmte, als ich 19 Jahre alt war, problemlos einen Zementsack mit 50 Kilogramm. Auch meine Schwangerschaft und die Geburt meines Jungen verlief problemlos. Doch irgendwann im Frühling 1989 fing es an. Wir hatten in der Familie einen Todesfall, und es betraf jemanden, den ich sehr, sehr gern hatte. Genau ab diesem Tag war mir sehr häufig übel. Plötzlich mochte ich kein Fleisch mehr und keine Wurst, und überhaupt ließ mein Appetit mehr und mehr nach. Ich spürte, wie ich ständig schwächer wurde, ging aber trotzdem nicht zum Arzt. Ich meinte, das vergeht schon wieder. Empfindlich war ich noch nie, und außerdem wartete viel Arbeit auf mich. Doch es wurde immer schlimmer. Ich bekam im Liegen keine Luft mehr, ich musste im Sitzen schlafen, und in meiner Lunge röchelte es. Wasser, wie ich jetzt weiß. Welches auch auf das Herz drückte. Die Schwäche wurde schlimmer, und ich bekam bei der geringsten Anstrengung Herzrasen und in meinen Ohren sauste es. Zudem hatte ich fast ständig schreckliche Kopfschmerzen, die mit Tabletten nicht zu bekämpfen waren. Als ich meine Hausarbeit nicht mehr erledigen konnte, das Treppensteigen nur noch unter größten Mühen möglich war und ich am ganzen Körper unerklärliche blaue Flecken hatte, ging ich im August endlich zu meinem Hausarzt. Dieser überwies mich sofort nach der Blutentnahme zu einem Internisten. Da mein Blut bis auf einen kleinen Rest schon zerstört war, lautete der erste Verdacht auf Leukämie. Der Arzt versuchte uns schonend beizubringen, dass ich vielleicht nur noch sechs Wochen zu leben habe und sofort in ein Krankenhaus muss. Ich wollte nicht. Doch ich wurde überredet. Irgendwann ließ ich mich in das Krankenhaus Erlangen fahren. Dort wurde ich bei meiner Ankunft erst einmal in ein kleines Zimmer gelegt. Darin lag schon eine Frau, im Sterben. Mit ihr blieb ich die ganze Nacht im Zimmer. Alleine mit ihrem Röcheln, alleine mit meiner Angst. Am anderen Tag wurden dann viele Tests gemacht, bis sich herausstellte, dass meine Nieren nur noch winzig klein sind und nicht mehr arbeiten. Das Urteil: beiderseitiges Nierenversagen, für immer Dialyse."

M3 Ursachen für Nierenversagen

Hauptursachen für Nierenversagen:
- Nierenschädigung durch Diabetes mellitus (über 20 %)
- chronische Form der Entzündung der Glomeruli (ca. 20 %)
- chronische Nieren- und Nierenbeckenentzündung (ca. 15 %)
- Nierenschädigung durch Bluthochdruck (ca. 10 %)
- angeborene Nierenfehlbildung mit zahlreichen Zysten, die ab dem 40. Lebensjahr zu Nierenversagen führt (ca. 10 %)
- Schädigung durch bestimmte Schmerzmittel (ca. 5 %)

1. Informieren Sie sich im Schulbuch über den Aufbau der Niere!
2. Setzen Sie einige der Symptome eines Nierenversagens, die aus der Schilderung der Patientin deutlich werden, in Bezug zu den Aufgaben der Niere (M1, M2)!

Hormonelle Regelkreise rund um die Niere

M1 Das antidiuretische Hormon (ADH)

Die Nieren sind in ihrer Funktion als Zentrum der Osmoregulation sehr anpassungsfähig: Wenn ein Mensch in der Wüste unter Wassermangel leidet, produzieren seine Nieren nur wenig stark konzentrierten Urin von 1200 mosm/l (Milliosmol je Liter, Maß der osmotisch wirksamen Konzentration bezogen auf die Volumeneinheit einer Lösung). Hat jemand viel Flüssigkeit aufgenommen, so scheidet er eine große Menge Urin von 70 mosm/l aus. Entscheidenden Einfluss auf die Osmolarität des Urins hat dabei das **anti**d**i**uretische **H**ormon (ADH). Es bewirkt im kapselfernen Tubulus und im Sammelrohr den verstärkten Einbau von Wasserkanälen in die Membran der Epithelien und fördert so den Rückstrom von Wasser in das Nierengewebe.

M2 Osmoregulation (Schema)

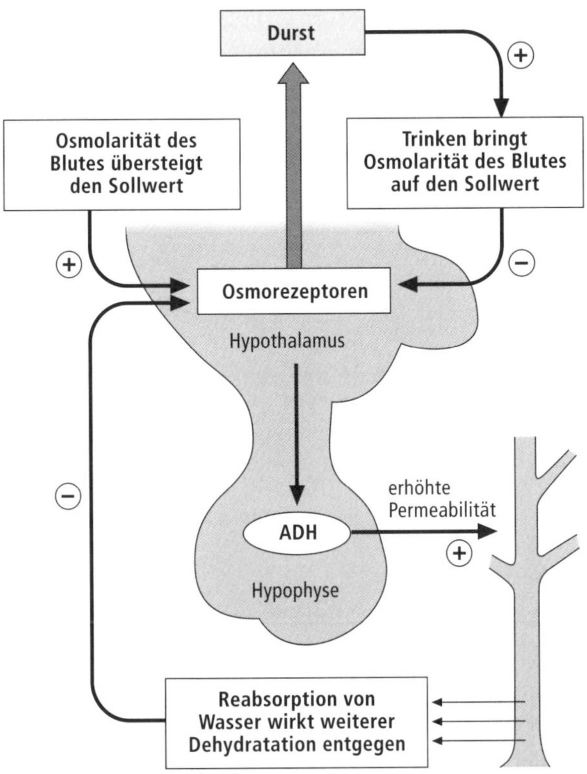

M3 Das Renin-Angiotensin-Aldosteron-System (RAAS)

Ein spezialisiertes Gewebe im Bereich der Arteriole, die dem Glomerulus Blut zuführt, der **j**uxta**g**lomeruläre **A**pparat (JGA), produziert bei zu geringem Blutvolumen oder bei zu niedrigem Blutdruck das Hormon Renin. Dieses setzt die Umwandlung von Angiotensinogen in das Hormon Angiotensin II in Gang. Angiotensin II führt zu einer Verengung der Arteriolen und veranlasst die Nebennierenrinde, das Hormon Aldosteron zu sezernieren. Aldosteron wirkt auf den kapselfernen Tubulus und das Sammelrohr und bewirkt dort eine vermehrte Reabsorption von Natrium-Ionen und Wasser. Dadurch nimmt das Blutvolumen zu, und der Blutdruck steigt.

M4 Blutdruckregulation (Schema)

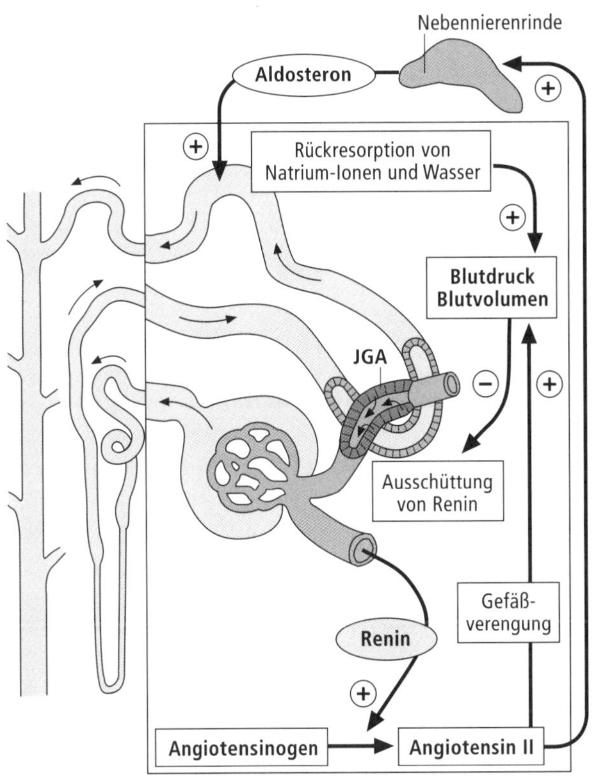

1. Erläutern Sie, warum es wichtig ist, dass nach starker Flüssigkeitsaufnahme ein sehr verdünnter Urin ausgeschieden wird!
2. Beschreiben Sie anhand von M2 die Abläufe nach einem starken Flüssigkeitsverlust beispielsweise durch Schwitzen oder Durchfall!
3. Erklären Sie anhand von M4, wie der Blutdruck über Veränderung der Arteriolenweite reguliert werden kann!

Membrantransporte in der Niere

M1 Bau eines Nephrons

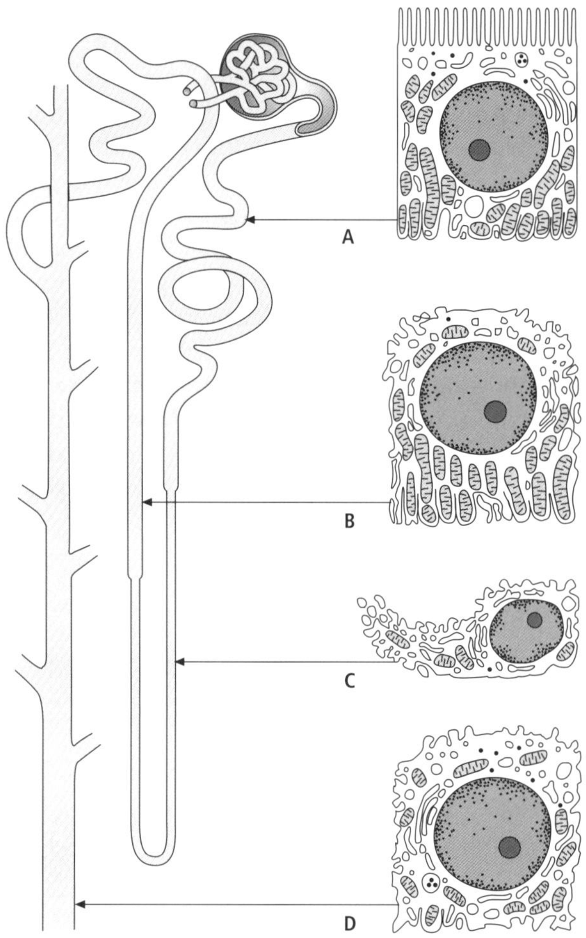

M2 Die Niere bildet den Harn

Die Harnbildung beginnt in den Nierenkörperchen. Dort wird aus den Gefäßschlingen, dem Glomerulus, durch Ultrafiltration der Primärharn abgepresst. Dieser enthält, abgesehen von den Proteinen, alle löslichen Bestandteile des Blutes in gleicher Konzentration wie dieses.

Da täglich etwa 180 Liter Primärharn entstehen, aber nur 1,5 Liter Endharn ausgeschieden werden, ist Reabsorption von Wasser und lebenswichtigen Substanzen wesentliche Aufgabe der dem Nierenkörperchen nachgeschalteten Bestandteile des Nephrons. Die dazu notwendigen Transportprozesse finden statt zwischen dem Lumen und den Epithelzellen von Tubulus und Sammelrohr, zwischen den Epithelzellen und dem Interstitium, dem die Zellen des Nierengewebes unmittelbar umgebenden Flüssigkeitsraum, und schließlich zwischen Interstitium und Blutgefäßen.

M3 Reabsorption im kapselnahen Tubulus

Die Epithelzellen des kapselnahen Tubulus zeigen einen charakteristischen Aufbau: Die lumenwärts gelegene Membran ist mit winzigen Ausstülpungen, so genannten Mikrovilli, besetzt. Man spricht von einer Bürstensaummembran. Die gegenüberliegende basale Membran zeigt eine starke Faltenbildung. In diesen Basalfüßchen liegen zahlreiche Mitochondrien.

In der basalen Membran sind viele Natrium-Kalium-Ionenpumpen integriert, durch deren Tätigkeit ein Natrium-Ionengradient aufgebaut wird. Dieser Gradient wird für eine Vielzahl sekundär aktiver Transportprozesse genutzt. So werden beispielsweise im kapselnahen Tubulus über 99 Prozent der im Primärharn vorliegenden Glucosemoleküle über Carrier zusammen mit den Natrium-Ionen reabsorbiert (Cotransport). Solche Carrier finden sich in großer Zahl in der Bürstensaummembran.

Peptidasen der Bürstensaummembran spalten Oligopeptide in Aminosäuren, die zusammen mit abfiltrierten Aminosäuren ebenfalls über einen Cotransport reabsorbiert werden, der den Natrium-Ionengradienten nutzt. Glucose und Aminosäuren gelangen dann durch erleichterte Diffusion in das Interstitium und von dort in die Blutbahn.

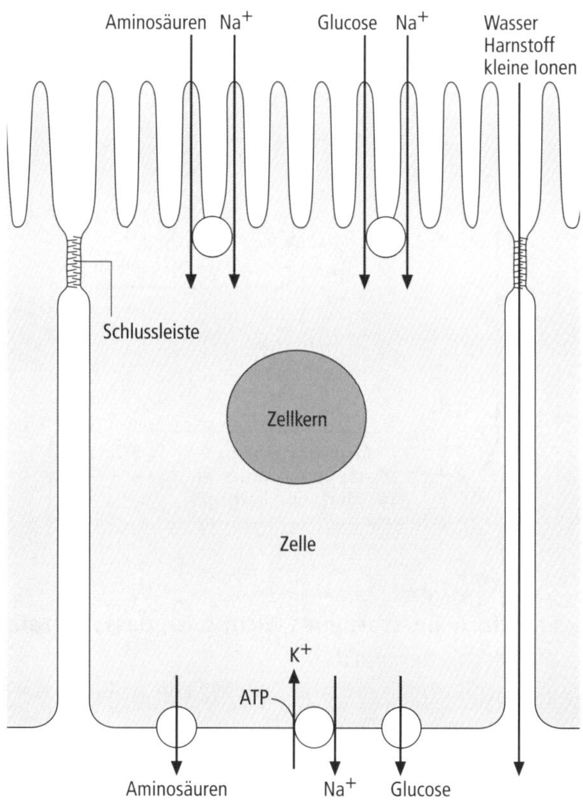

Durch die Reabsorption von Natrium-Ionen entsteht ein osmotisches Gefälle, das durch den Ausstrom von Wasser aus dem Tubulus ausgeglichen wird. Der Transport des Wassers erfolgt dabei vorwiegend parazellulär, also durch das so genannte Schlussleistensystem zwischen den Epithelzellen. Der Wasserstrom reißt dabei kleinere gelöste Teilchen wie Harnstoffmoleküle oder Natrium-, Chlorid- und Calcium-Ionen mit sich (engl. *solvent drag*).

M4 Reabsorption in der HENLEschen Schleife und im kapselfernen Tubulus

Der Primärharn besitzt wie das Blut eine Osmolarität von etwa 300 mosm/l. Während er in der Rindenschicht durch den kapselnahen Tubulus fließt, wird eine große Menge an Wasser und Ionen reabsorbiert. Dadurch nimmt zwar das Volumen des Harns stark ab, doch seine Osmolarität bleibt in etwa gleich. Wenn der Harn im absteigenden Ast der HENLEschen Schleife von der Rindenschicht in die Markschicht gelangt, verliert er osmotisch Wasser, wiederum vorwiegend parazellulär. Infolge des Wasserverlustes steigt die Osmolarität des Harns. In der Haarnadelkurve der HENLEschen Schleife erreicht die Salzkonzentration ihr Maximum von etwa 1200 mosm/l. Da der aufsteigende Ast durch das Vorhandensein entsprechender Kanäle in der Epithelmembran permeabel für Natrium- und Chlorid-Ionen, aber durch den dichten Schluss der Epithelzellen praktisch wasserundurchlässig ist, führt die hohe Ionen-Konzentration zu einer maximalen Diffusionsrate dieser Ionen aus dem Tubulus. Zusätzlich erfolgt ein sekundär aktiver Transport aus dem dicken Segment des aufsteigenden Astes über einen Natrium-Kalium-Chlorid (Na^+-K^+-$2Cl^-$)-Carrier. Auch dieser Cotransport nutzt den Natrium-Ionengradienten, der durch Natrium-Kalium-Ionenpumpen aufgebaut wird, die in der Basis der Epithelzellen lokalisiert sind. Im gewundenen Abschnitt des kapselfernen Tubulus können zusätzlich unter der Kontrolle von Aldosteron Natrium-Ionen durch Kanäle reabsorbiert werden.
Aufgrund dieser vielfältigen Ionen-Transporte hat der Harn am Ende des kapselfernen Tubulus nur noch eine Osmolarität von etwa 100 mosm/l.

M5 Membrantransporte im Sammelrohr

Auch im oberen Teil des Sammelrohrs erfolgt die durch Aldosteron kontrollierte Reabsorption von Natrium-Ionen. Im weiteren Verlauf wird je nach dem physiologischen Zustand des Körpers mehr oder weniger viel Wasser reabsorbiert. Gesteuert wird dies über ADH.
Die Reabsorption von Wasser beeinflusst auch die Ausscheidung von Harnstoff. Der untere Teil des Sammelrohrs ist – wie der dünne Abschnitt des aufsteigenden Schenkels der HENLEschen Schleife – durchlässig für Harnstoff. Wird unter dem Einfluss von ADH die Epithelienmembran im Sammelrohr wasserdurchlässig, so gelangt mit dem Wasser auch ein Teil des Harnstoffes in das Nierengewebe und von dort in die HENLEsche Schleife. Hier fördert der Harnstoff den osmotischen Ausstrom von Natrium- und Chlorid-Ionen und damit die Reabsorption von Wasser aus dem absteigenden Ast der HENLEschen Schleife und aus dem Sammelrohr.

1. Informieren Sie sich im Schulbuch über den Aufbau eines Nephrons! Benennen Sie die Abschnitte, die in M1 mit Buchstaben gekennzeichnet sind!
2. Die Epithelzellen besitzen in den verschiedenen Abschnitten des Tubulus und im Sammelrohr einen speziellen Aufbau (M1). Erläutern Sie mithilfe der Materialien charakteristische Strukturmerkmale und stellen Sie einen Zusammenhang zur speziellen Funktion her!
3. Skizzieren Sie ein Nephron! Tragen Sie an den einzelnen Abschnitten die jeweiligen Osmolaritäten ein und erklären Sie, wie es zu diesen Veränderungen kommt.
4. Am Beginn des Sammelrohrs beträgt die Osmolarität des Harns 100 mosm/l. Dieser Wert kann sich während des Durchflusses durch das Sammelrohr sehr stark ändern. Erklären Sie den Sachverhalt unter Einbeziehung der Materialien vom Arbeitsblatt „Hormonelle Regelkreise rund um die Niere"!

Dialyse – ein dürftiger Ersatz für eine Niere

M1 Schema einer künstlichen Niere

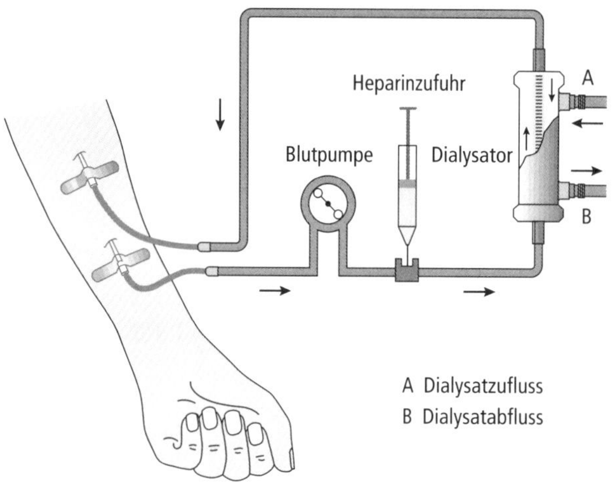

M2 Das Prinzip der Dialyse

Bei Nierenversagen kann das Leben des Patienten zunächst nur durch Blutwäsche (Dialyse) gerettet werden. Dabei wird das Blut auf osmotischem Weg von Abfall- und Giftstoffen befreit.
Häufigste Form der Blutwäsche ist die Hämodialyse, bei der das Blut außerhalb des Körpers in einer so genannten „künstlichen Niere" gereinigt wird. Das Blut fließt dabei im Dialysator durch ein Bündel poröser Kapillaren, die in Gegenrichtung von der Spüllösung, dem Dialysat, umströmt werden. Durch die Poren der Kapillaren treten alle Moleküle, die genügend klein sind, dem osmotischen Gefälle folgend aus dem Blut in das Dialysat über oder auch umgekehrt aus dem Dialysat in das Blut.

M3 Der Shunt

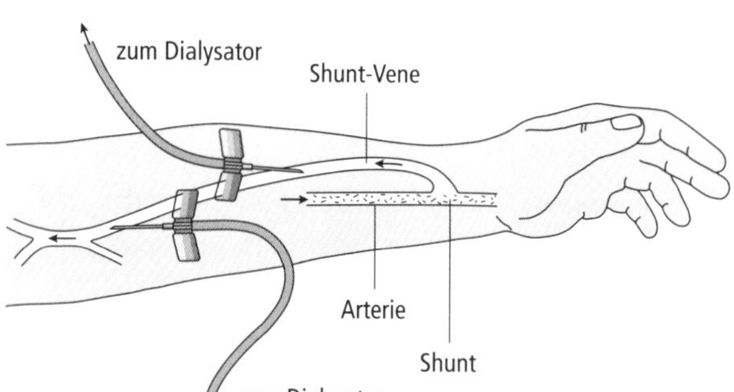

Das Blut wird zur Blutwäsche einer Vene an der Innenseite des Unterarms entnommen. Damit diese immer genügend Blut führt, wird sie in einer Operation mit einer benachbarten Arterie kurzgeschlossen. Es wird ein Dialyse-Shunt (künstliche Verbindung zwischen zwei Gefäßen) angelegt. In die Shunt-Vene wird auch das gereinigte Blut zurückgeführt.

M4 Heparin – Wirkung und Nebenwirkungen

Heparin hemmt die Blutgerinnung. Ohne Verwendung von Heparin würde das Blut in den Schläuchen der Dialysemaschine gerinnen.
Nebenwirkungen sind Allergien, Haarausfall und Blutungen.

M5 Eine Patientin erinnert sich

„Ich konnte lange nicht glauben, dass ich für immer von einer Maschine abhängig sein werde. Ich musste fast alles aufgeben, was mir bisher Spaß gemacht hatte. Montag, Mittwoch und Freitag vormittags war ich im Krankenhaus an der Dialysemaschine und ließ mein Blut reinigen. Ich vertrug die Maschine leider so schlecht, dass ich nach der Dialyse bis abends liegen musste und auch am anderen Tag war es kaum besser.
Eine Bauchoperation wurde nötig, da die Nieren kein Blut mehr bilden konnten und ich durch das zugeführte Heparin, das die Gerinnung des Blutes bei der Dialyse verhindert, große Blutverluste hatte. Wenn ich mich ein wenig stieß, hatte ich sofort blaue Flecke. Eine kleine Blutung, wie sie jeder einmal hat, kam durch das ständige Heparin lange nicht zum Stillstand. An der Maschine quälte mich ein unerträglicher Juckreiz. Aber man muss ruhig liegen bleiben, denn die Nadeln könnten sich sonst durch die Ader durchstechen. Die Haare fielen büschelweise aus. Lange Zeit konnte ich nicht mehr essen und musste mich mit einer flüssigen Spezialnahrung ernähren.
Dazu hatte ich noch Probleme mit meinem Shunt. Direkt dort lag ein Nerv, und er wurde immer und immer wieder mit der Nadel getroffen, fast bei jeder Behandlung. Davor hatte ich schon immer am Vorabend der Dialyse Angst, und das ließ mich oft nicht schlafen. Insgesamt wurde ich in diesen neun Jahren mit der Dialysenadel über 2500-mal punktiert, die Fehlpunktierungen nicht mitgerechnet, denn auch das kommt vor. Entsprechend sieht mein Arm aus."

M6 Bauchfelldialyse

Wenn bei einem Patienten die Nierenfunktion nicht völlig erloschen ist, kann die Bauchfelldialyse angewendet werden. Dabei wird ein Plastikschlauch in den Bauchraum platziert. Durch diesen Katheter lässt der Nierenkranke 2 bis 2,5 Liter Spüllösung aus einem Plastikbeutel in den Bauchraum fließen. Das gut durchblutete Bauchfell dient bei diesem Verfahren als Dialyse-Membran, durch die Abfallstoffe aus dem Blut in die Spüllösung übertreten. Nach fünf bis sechs Stunden lässt der Patient die Flüssigkeit aus dem Bauch herausfließen und unmittelbar danach wieder neue Spüllösung einlaufen.
Der Vorteil dieser Methode besteht in der größeren Selbstständigkeit des Betroffenen. Er kann besser über seine Zeit verfügen und eventuell weiter einen Beruf ausüben. Eine Gefahr besteht darin, dass Keime über den Katheter in die Bauchhöhle einwandern und dort eine Bauchfellentzündung auslösen können.

M7 Nierentransplantation, nicht für jeden

Bei einem Menschen mit Totalausfall der Nierenfunktion, der nur noch durch ständige Blutwäsche am Leben erhalten wird, kann nur eine Nierentransplantation dauerhafte Besserung bringen. Sie ist aber nur bei Patienten möglich, die eine solch schwere Operation überstehen. So würden Patienten mit schwerer Erkrankung der Lunge, der Leber oder des Herzens die lang andauernde Narkose nicht überleben. Auch bei Krebskranken ist keine Transplantation möglich. Die nach der Transplantation notwendigen Medikamente zur Hemmung der Immunabwehr würden die Krankheit verschlimmern. Ein Problem besteht auch darin, dass in Deutschland zwar mehr als 2000 Nieren pro Jahr transplantiert werden, aber mehr als 4500 benötigt würden. Mehr als 11 500 Deutsche standen 1999 auf der Warteliste von Eurotransplant, der zentralen Sammelstelle für Transplantationsdaten.

M8 Nierentransplantationen in Deutschland

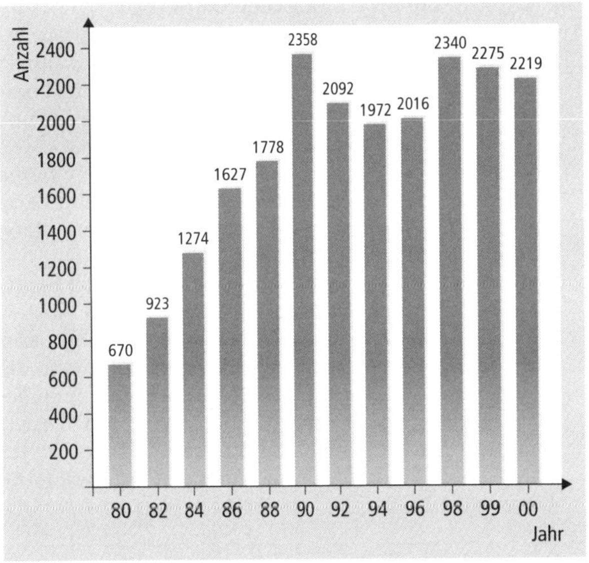

M9 Die Niere muss passen

Damit eine transplantierte Niere nicht sofort abgestoßen wird, müssen Spender und Empfänger im Gewebetyp möglichst ähnlich sein.
Jeder Mensch hat einen speziellen Gewebetyp, der durch viele Merkmale bestimmt wird. Entscheidend sind dabei die HLA-Antigene (**h**umane **l**eucocyte **a**ssociated antigens), die man auf den Weißen Blutkörperchen bestimmen kann. Der HLA-Typ wird von den Eltern ererbt. Geschwister können den gleichen Gewebetyp haben (25%ige Chance), vollkommen identisch sind aber nur Gewebe von eineiigen Zwillingen. Auch die Blutgruppe ist ein wichtiges Gewebemerkmal. Sie muss zwischen Spender und Empfänger identisch sein.
Ideal als Spender ist daher prinzipiell ein naher Verwandter des Patienten. Eine solche „Lebendspende" ist allerdings bei Medizinern umstritten, muss doch dabei an einem Gesunden eine schwerwiegende Operation vorgenommen werden.

1. Stellen Sie die Aufgaben der Niere zusammen, die von der Dialyse-Maschine nicht erfüllt werden!
2. Überlegen Sie, warum im Dialysat Ionen, beispielsweise Natrium-, Magnesium-, Kalium- und Calcium-Ionen, oder auch Vitamine enthalten sein müssen!
3. Erläutern Sie, warum nach einer Transplantation Medikamente verabreicht werden, die die Immunabwehr herabsetzen!
4. Erklären Sie der Patientin aus M5, was die Ursache der geschilderten Nebenwirkungen ist, warum sich diese aber nicht vermeiden lassen!

Lösungen

Vorwissen: Aktiver und passiver Membrantransport

Die Niere – mehr als ein Ausscheidungsorgan

1. Die Niere ist ein bohnenförmiges, dunkelrot gefärbtes Organ. In der Einbuchtung führt eine Arterie hinein und eine Vene heraus. Auch der Harnleiter verlässt dort die Niere. In einem Längsschnitt erkennt man die hellere Nierenrinde und das dunklere Nierenmark. Die kegelförmigen Nierenpyramiden ragen in den inneren Hohlraum, das Nierenbecken. Unter dem Mikroskop erkennt man die Nephrone, die aus der Bowmanschen Kapsel und dem Nierenkanälchen bestehen.
2. Das von der Patientin erwähnte „Wasser" in der Lunge ist eine Folge der fehlenden Regulierung des Wasserhaushalts. Herzrasen und Ohrensausen beruhen darauf, dass die Steuerung der Herztätigkeit (über die Regulierung des Kaliumhaushaltes) und die Regulierung des Blutdrucks (über den Kochsalz- und Wasserhaushalt) gestört sind. Die „Zerstörung" des Blutes kommt dadurch zustande, dass mangels Erythropoetinbildung die Neubildung von Erythrocyten unterbleibt.

Hormonelle Regelkreise rund um die Niere

1. Die Ausscheidung sehr verdünnten Urins nach starker Flüssigkeitsaufnahme bewirkt eine Verringerung des Blutvolumens ohne Verlust wertvoller Ionen.
2. Nach starkem Flüssigkeitsverlust übersteigt die Osmolarität des Blutes ihren Sollwert. Wird dies von Osmorezeptoren im Hypothalamus festgestellt, so wird ein Durstgefühl erzeugt, das dazu führt, dass der betroffene Mensch trinkt und damit die Osmolarität seines Blutes wieder auf den Sollwert bringt. Gleichzeitig veranlasst der Hypothalamus die Hypophyse, ADH auszuscheiden. Dies führt zu einer erhöhten Permeabilität des Sammelrohrs für Wasser und damit zu einer verstärkten Reabsorption von Wasser, was wiederum der Dehydratation entgegenwirkt.
3. Ist beispielsweise der Blutdruck zu niedrig, wird vom JGA vermehrt Renin ausgeschüttet. Dieses bewirkt eine verstärkte Umwandlung von Angiotensinogen in Angiotensin II. Dadurch kommt es zu einer Verengung der Blutgefäße. Wenn sich aber die Arteriolen verengen, steigt der Blutdruck, so wie im Gartenschlauch bei Verengung ein höherer Druck zu beobachten ist.

Membrantransporte in der Niere

1. A kapselnaher Tubulus; B dicker aufsteigender Teil der Henleschen Schleife; C dünner absteigender Teil der Henleschen Schleife; D Sammelrohr
2. *kapselnaher Tubulus:* Die starke Oberflächenvergrößerung der Membran durch Mikrovilli zum Tubulus-Lumen hin ermöglicht einer Vielzahl von Carriern die Resorption zum Beispiel von Aminosäuren und Glucose. Die vielen Mitochondrien an der Basis der Epithelzellen werden für die ATP-Produktion zum Betrieb der Natrium-Kalium-Ionenpumpen benötigt.
   dünner Teil der Henleschen Schleife: Hier ist die Oberfläche nicht vergrößert, und es finden sich nur wenige Mitochondrien. Es findet nur passiver Membrantransport beziehungsweise parazellulärer Transport statt.
   dicker Teil der Henleschen Schleife: Die vielen Mitochondrien sind wieder ein Hinweis auf aktiven Membrantransport.
   Sammelrohr: Hier ist die Mitochondrienzahl wieder geringer, da – zumindest im unteren Teil – nur passiver Transport stattfindet.
3. Im kapselnahen Tubulus beträgt die Osmolarität wie im Blut 300 mosm/l. Im absteigenden Ast der Henleschen Schleife steigt er infolge des osmotischen Wasserverlustes an und erreicht in der Haarnadelkurve 1200 mosm/l. Im aufsteigenden Ast der Henleschen Schleife diffundieren Natrium- und Chlorid-Ionen durch Kanäle nach außen, während das Epithel für Wasser undurchlässig ist. Zusätzlich existiert dort ein aktiver Ionentransport. Dadurch sinkt die Osmolarität bis zum Ende des kapselfernen Tubulus auf 100 mosm/l. Im Sammelrohr wird je nach physiologischem Zustand mehr oder weniger Wasser reabsorbiert oder es werden sogar Ionen reabsorbiert. Daher beträgt die Osmolarität am Ende des Sammelrohrs 70 bis 1200 mosm/l.

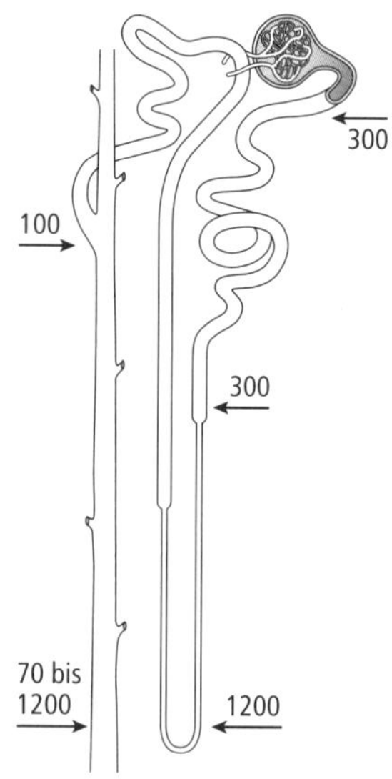

4. Bei starker Flüssigkeitsaufnahme, das heißt bei einer Osmolarität des Blutes unterhalb des Sollwertes, kann durch aktive Reabsorption von Natrium-Ionen im oberen Teil des Sammelrohrs die Osmolarität des Endharns auf 70 mosm/l reduziert werden.
   Bei Wassermangel, also bei einer Osmolarität des Blutes über dem Sollwert, bewirkt ADH einen verstärkten Einbau von Wasserkanälen im Sammelrohr und damit eine Zunahme der Reabsorption von Wasser. Dann kann die Osmolarität des Harns innerhalb des Sammelrohrs bis auf 1200 mosm/l (die Osmolarität des inneren Nierenmarks) ansteigen.

Dialyse – ein dürftiger Ersatz für eine Niere

1. Die Niere reguliert den Ionen- und Wasserhaushalt sowie das Säure-Basen-Gleichgewicht des Blutes. Diese Aufgabe kann die Dialyse-Maschine nicht erfüllen. Auch zur Erythropoese kann sie nicht beitragen, ebenso wenig zur Aktivierung von Vitamin D.
2. Ionen und Vitamine müssen dem Dialysat zugesetzt werden, da sonst diese lebenswichtigen Stoffe aus dem Blut herausgewaschen würden.
3. Medikamente zur Herabsetzung der Immunabwehr verhindern eine Abstoßung des fremden Gewebes durch das Immunsystem.
4. Der große Blutverlust ist nicht nur eine Folge äußerer Verletzungen. Durch das Heparin wird das Blut so stark verdünnt, dass es zu inneren Blutungen kommen kann. Außerdem ist das Heparin für den Juckreiz und den Haarausfall verantwortlich. Diese Nebenwirkungen sind aber unvermeidlich, da ohne den Zusatz von Heparin die Schläuche der Dialyse-Maschine durch gerinnendes Blut verstopft würden.

Der Bombardierkäfer

M1 Steckbrief

Der Bombardierkäfer kommt in Europa in zwei Arten vor: *Brachynus crepitans L.* und *Brachynus explodens Dft.* Beide besitzen einen rotbraunen Körper und blaugrün schillernde Flügeldecken. Mit fünf Millimetern Länge ist *Brachynus explodens* nur etwa halb so groß wie sein Gattungsverwandter. Die Käfer leben meist gesellig unter Steinen an Feldrändern. Fühlt sich *Brachynus* von Ameisen oder räuberischen Laufkäferarten bedroht, so schießt er aus einer Mündung an der Hinterleibsspitze mit leichtem Knall eine stechend riechende, bitter schmeckende, etwa 100 °C heiße Gaswolke auf den Angreifer. Dabei wird durch Abbiegen des Hinterleibes eine hohe Treffsicherheit erreicht.

Zwanzig „Schüsse" hintereinander sind möglich, wobei jeder aus zehn bis zwanzig Einzelexplosionen besteht. Selbst einige Krötenarten verschmähen nach ersten Erfahrungen diese Beute. Nur bei Mäusen versagt die Strategie. Sie stecken *Brachynus* mit dem Hinterleib in den Boden und fressen ihn vom Kopf her auf.

Im hinteren Bereich des Käferabdomens (Hinterleib) befindet sich eine so genannte „Knalldrüse". Im Reservoir dieser „Knalldrüse" lagert eine Mischung aus Hydrochinon, Methylhydrochinon und Wasserstoffperoxid (H_2O_2), welches in der Drüse produziert wird.

Bei Gefahr wird ein Teil dieser Reservoirflüssigkeit in die Explosionskammer entlassen und trifft dort auf die Enzyme Katalase und Peroxidase. Dieses Zusammentreffen löst eine chemische Reaktion aus. Explosionsartig setzt die Katalase aus dem Wasserstoffperoxid Sauerstoff frei. Dieser reagiert unter dem Einfluss der Peroxidase mit dem Hydrochinon. Die bei dieser Reaktion entstehenden gelb gefärbten Chinone werden unter starkem Druck und bei großer Hitzeentwicklung als Gaswolke freigesetzt.

M2 Auf Ameise feuernder Bombardierkäfer

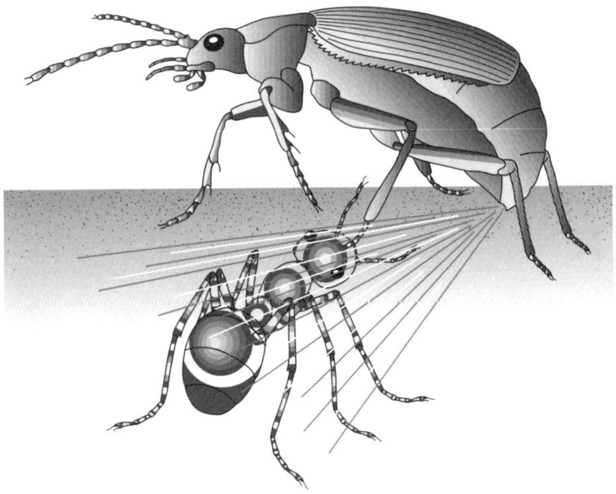

M3 „Knalldrüse"

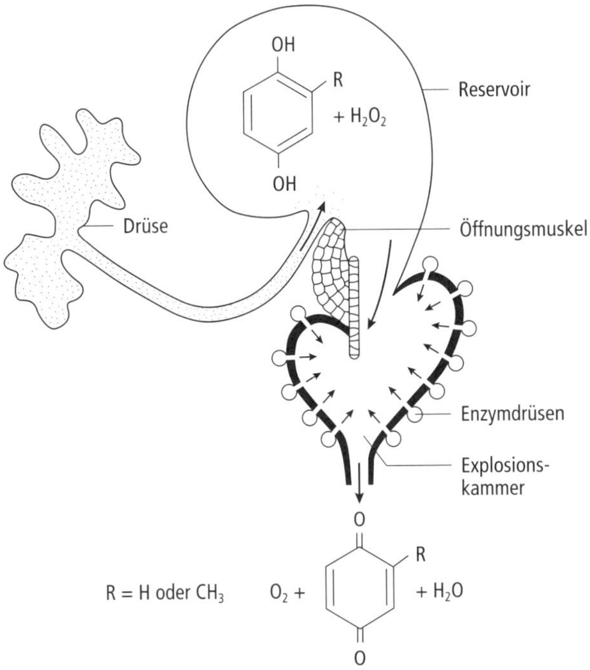

1. Beschreiben Sie den Körperbau des Käfers, soweit dies für das Abwehrverhalten notwendig ist!
2. Stellen Sie die verbalisierte Gleichung für die Reaktion des Wasserstoffperoxids (H_2O_2) auf!
3. Welche stoffwechselphysiologischen Fragen ergeben sich aus dem dargestellten Phänomen?
4. Informieren Sie sich in der Literatur und im Internet ausführlicher über den Bombardierkäfer!

Versuch: Substrat- und Wirkungsspezifität der Enzyme

Bei der Abwehrreaktion des Bombardierkäfers gelangen (Methyl-)Hydrochinon und Wasserstoffperoxid aus dem Reservoir in die Explosionskammer. Dort reagiert die Katalase mit dem Wasserstoffperoxid. Aber warum nur mit diesem und nicht zum Beispiel mit Hydrochinon? Der folgende Versuch dient der Klärung dieser Frage.

Material: 3 Erlenmeyerkolben (200 ml), Fön, Bleistift, 1 Bogen Filterpapier (58 x 58 cm), Schere, Uhrgläser, Alufolie, 3 Einmal-Mikropipetten (5 µl), Messpipette (1 ml), Messpipette (5 ml), Messpipette (10 ml), Reagenzglasständer, Reagenzglas (18 x 180 mm), 2 Reagenzgläser mit Alukappe (10 x 100 mm), α-Glucose, β-Fructose, Saccharose, ABTS, Glucoseoxidase, Peroxidase (5 %, Xi), Aqua dest., Waage, Spatel

Durchführung:

Herstellung der Lösungen

a) Enzymlösungen
Wiegen Sie 1 mg Glucoseoxidase und 1 mg Peroxidase ab. Geben Sie die beiden Enzyme in je ein kleines Reagenzglas. Pipettieren Sie jeweils 1 ml Aqua dest. dazu. Verschließen Sie die beiden Reagenzgläser mit einer Alukappe.

b) ABTS-Lösung
Wiegen Sie 0,1 g ABTS ab und lösen Sie es in einem Reagenzglas mit 10 ml Aqua dest. Verschließen Sie das Reagenzglas mit einer Alukappe.

c) Zuckerlösungen
Wiegen Sie 10 g α-Glucose ab. Lösen Sie den abgewogenen Zucker in 200 ml Aqua dest. in einem Erlenmeyerkolben. Verfahren Sie in gleicher Weise mit der β-Fructose und der Saccharose. Verschließen Sie die Erlenmeyerkolben mit Alufolie.

Herstellung der Zuckerteststreifen

a) Schneiden Sie vom Filterpapierbogen beliebig viele Teststreifen von 1,5 cm Breite und 5 cm Länge ab. Legen Sie alle Teststreifen auf eine saubere und trockene Tischplatte. Markieren Sie mit dem Bleistift in einem Abstand von 1 cm vom schmalen Rand in der Mitte des Streifens einen kleinen Punkt.

b) Tragen Sie mit der Mikropipette 5 µl Peroxidaselösung auf die markierte Stelle auf. Trocknen Sie die Teststreifen mithilfe eines Föns (niedrigste Reglerstufe). Wiederholen Sie den Vorgang, wenn die Teststreifen ganz getrocknet sind.

c) Tragen Sie mithilfe einer neuen Mikropipette Glucoseoxidaselösung auf die markierte Stelle auf. Trocknen Sie die Teststreifen mithilfe eines Föns (niedrigste Reglerstufe). Wiederholen Sie den Vorgang, wenn die Teststreifen ganz getrocknet sind.

d) Tragen Sie mithilfe einer neuen Mikropipette ABTS-Lösung auf. Trocknen Sie die Teststreifen mithilfe eines Föns (niedrigste Reglerstufe). Wiederholen Sie den Vorgang, wenn die Teststreifen ganz getrocknet sind.

Durchführung des Tests

Pipettieren Sie die Glucoselösung auf ein Uhrglas. Tauchen Sie das untere Ende eines Teststreifens in die Zuckerlösung. Streifen Sie ihn anschließend am Rand des Uhrglases ab. Verfahren Sie in gleicher Weise mit den anderen Zuckerlösungen.
Legen Sie die Teststreifen an den Rand eines Tisches, sodass das feuchte Ende überhängt. Warten Sie etwa drei Minuten.

1. Vergleichen Sie Struktur- und Summenformel von α-Glucose, β-Fructose und Saccharose!
2. Führen Sie den Versuch durch! Fertigen Sie ein Versuchsprotokoll an (Versuchsbeschreibung, Beobachtungen, Ergebnisse)!
3. Informieren Sie sich in Ihrem Schulbuch über das Schlüssel-Schloss-Prinzip! Erklären Sie mithilfe dieses Modells die Versuchsergebnisse!
4. Übertragen Sie Ihre Ergebnisse auf den Bombardierkäfer! Warum reagiert Katalase nur mit Wasserstoffperoxid?

Versuch: Enzyme als Biokatalysatoren

Für seine Abwehrreaktion produziert der Bombardierkäfer in einer Drüse (Methyl-)Hydrochinon und Wasserstoffperoxid. Diese Substanzen speichert er dann zusammen im Reservoir. Warum reagieren Wasserstoffperoxid und (Methyl-)Hydrochinon nicht im Reservoir miteinander? Der folgende Versuch dient der Klärung dieser Frage.

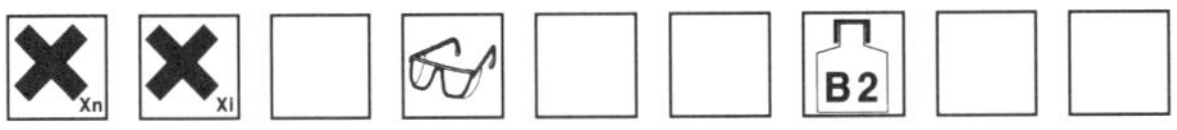

Material: Wasserstoffperoxidlösung (5 %, Xi), Mangandioxid (MnO_2 = Braunstein, Xn), Bäckerhefe, Kartoffel, Leber, Gartenerde, Sand, Reibeisen, Mörser, Pistill, Pipette (5 ml), Reagenzglasständer, Reagenzglasklammer, 7 Reagenzgläser, Bunsenbrenner, Aqua dest., Holzspäne (z.B. Holz-Schaschlikspieße), Spatel, Küchenmesser, 2 Bechergläser (200 ml), Teelöffel, Schutzbrille

Durchführung: Stellen Sie aus der Bäckerhefe und etwas destilliertem Wasser eine Hefesuspension her. Zerreiben Sie die Kartoffel mit dem Reibeisen. „Zermatschen" Sie ein Stück Leber im Mörser.
Gießen Sie in alle sieben Reagenzgläser 5 ml Wasserstoffperoxidlösung.
Stellen Sie die Versuchsansätze entsprechend der Abbildung her.
Führen Sie bei allen Ansätzen die Glimmspanprobe durch.

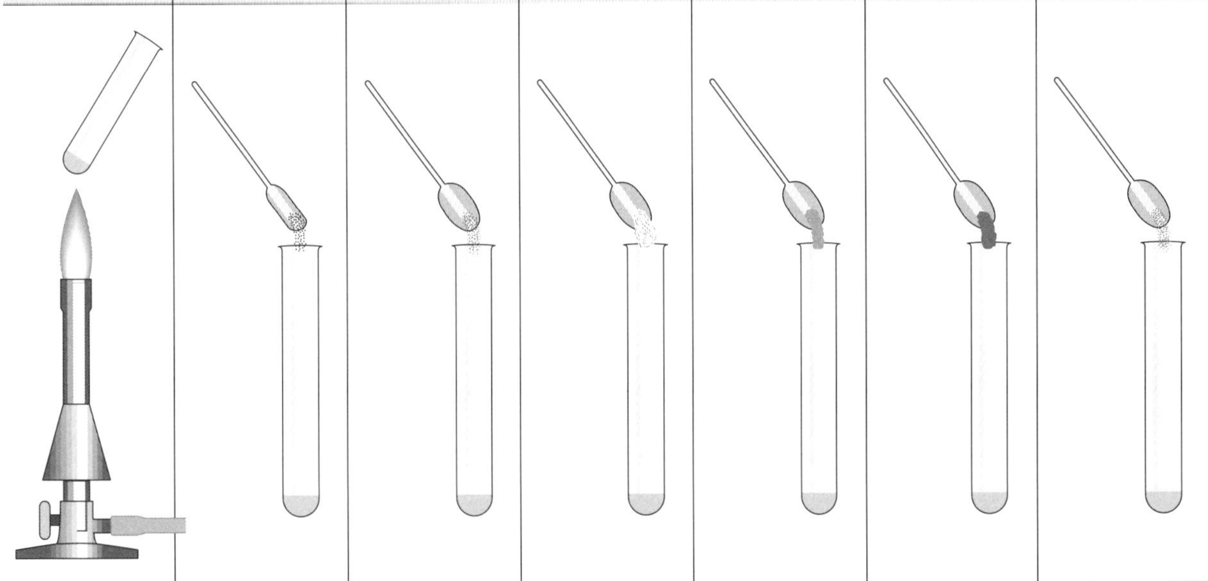

1. Ansatz	2. Ansatz	3. Ansatz	4. Ansatz	5. Ansatz	6. Ansatz	7. Ansatz
5 ml H_2O_2 Reagenzglas über Brennerflamme erwärmen	5 ml H_2O_2 + eine Spatelspitze Mangandioxid (MnO_2)	5 ml H_2O_2 + einen Teelöffel Hefesuspension	5 ml H_2O_2 + einen Teelöffel Kartoffelbrei	5 ml H_2O_2 + einen Teelöffel Leberbrei	5 ml H_2O_2 + einen Teelöffel Gartenerde	5 ml H_2O_2 + einen Teelöffel Sand

Versuchsübersicht

1. Fertigen Sie ein Versuchsprotokoll an (Versuchsbeschreibung, Beobachtungen, Ergebnisse, Deutung)!
2. Warum wurden für die Versuche sowohl Hefe, Kartoffeln, Leber als auch Gartenerde genommen?
3. Übertragen Sie Ihre Ergebnisse auf den Bombardierkäfer! Warum reagieren Wasserstoffperoxid und Hydrochinon nicht schon im Reservoir der „Knalldrüse", sondern erst in der Explosionskammer des Bombardierkäfers?

Exergone Reaktion

M1 Abwehrreaktion als exergone Reaktion

Die Abwehrreaktion des Bombardierkäfers besteht neben einem Knall aus einer Gaswolke, die nicht nur stechend riecht, sondern auch kochend heiß ist. Wie kommt es zu dieser Wärmeentwicklung bei der Abwehrreaktion?
Diese Frage lässt sich mithilfe der Reaktion von Wasserstoffperoxid zu Wasser und Sauerstoff gut klären.

Das für viele enzymatische Versuche notwendige Wasserstoffperoxid kauft man wenige Tage vor der Versuchsdurchführung. Es wird in Flaschen aus braunem Glas verkauft und muss im Kühlschrank gelagert werden. Tageslicht und eine durchschnittliche Raumtemperatur reichen aus, um die Reaktion von Wasserstoffperoxid zu Wasser und Sauerstoff zu starten. Allerdings verläuft diese Reaktion so langsam, dass man sie erst bemerkt, wenn das Wasserstoffperoxid bei einem Versuch nicht mehr oder nur noch sehr schwach reagiert.
Für Abwehrreaktionen wie die des Bombardierkäfers wäre eine derartig langsame Reaktion nicht zu gebrauchen. Bei chemischen Reaktionen wie der Umwandlung von Wasserstoffperoxid zu Wasser und Sauerstoff müssen bestehende chemische Bindungen in den Substratmolekülen geöffnet und neue in den Produkten gebildet werden. Zum *Starten* dieses Vorganges ist Energie aus der Umwelt notwendig. Diese Energie wird als Aktivierungsenergie (E_A) bezeichnet. Beim *Öffnen* der chemischen Bindungen in den Substratmolekülen wird dann Energie freigesetzt.

Bei einer exergon verlaufenden Reaktion wird beim Öffnen der Substratmolekülbindungen mehr Energie freigesetzt als für die *Bildung* neuer Bindungen in den Produktmolekülen benötigt wird. Diese nicht benötigte Energie (ΔG) wird in Form von Licht oder Wärme freigesetzt oder chemisch als ATP gebunden.

Die Barriere, die chemischen Reaktionen durch die Aktivierungsenergie gesetzt wird, ist biologisch von großer Bedeutung. Proteine, DNA und andere komplexe Moleküle in der Zelle könnten sonst leicht spontan reagieren und zerfallen.

M2 Reaktionsverlauf einer exergonen chemischen Reaktion mit und ohne Enzym

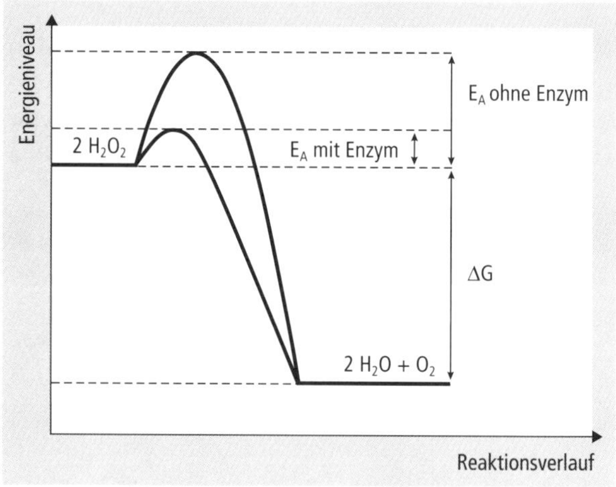

M3 Reaktionsverlauf einer endergonen chemischen Reaktion mit und ohne Enzym

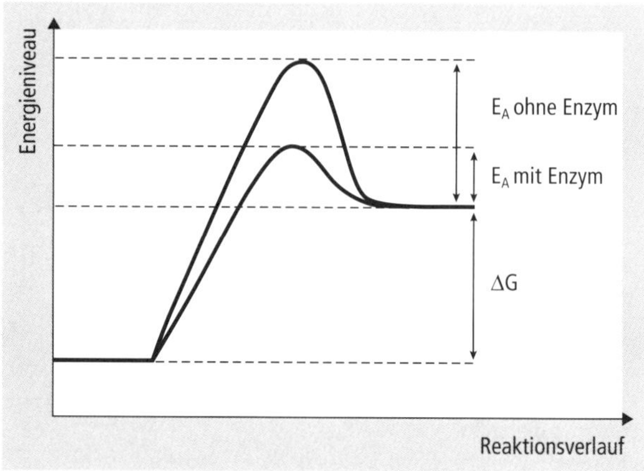

1. Definieren Sie die Fachbegriffe „exergone Reaktion" und „Aktivierungsenergie" (M1)!
2. Beschreiben und erläutern Sie die Grafik (M2)! Welche Bedeutung haben Enzyme für chemische beziehungsweise stoffwechselphysiologische Reaktionen?
3. Erklären Sie, wie es zur Wärmeentwicklung bei der Abwehrreaktion des Bombardierkäfers kommt!
4. Enzyme katalysieren neben den exergonen auch endergone Reaktionen (M3). Was versteht man unter einer endergonen Reaktion? Suchen Sie ein Beispiel für eine endergone Reaktion in der Stoffwechselphysiologie!

Modellversuch: Zusammenhang zwischen Substratkonzentration und Enzymmenge

Der Bombardierkäfer kann 20-mal hintereinander feuern, wobei jeder „Schuss" aus zehn bis zwanzig Einzelexplosionen besteht.
Warum wird jeder „Schuss" in Einzelexplosionen zerlegt und nicht als „Supergau" abgefeuert?
Welcher Zusammenhang besteht zwischen der Stärke einer Reaktion und der Substratkonzentration?

Material pro Gruppe: Schere, Uhr mit Sekundenangabe, 279 beziehungsweise 558 Papierquadrate von 4 cm Seitenlänge (Herstellung mit der Papierschneidemaschine, ein Bogen DIN A 3 ergibt etwa 76 Quadrate)

Durchführung: Der Modellversuch wird in Dreier- beziehungsweise Vierergruppen durchgeführt. Die Aufgabe besteht darin, innerhalb von drei Minuten möglichst viele Papierquadrate in einer vorgegebenen Weise zu bearbeiten. Den Personen der Gruppe fallen dabei unterschiedliche Aufgaben zu. Eine Person gibt die Zeit an. Eine zweite reicht der dritten (und vierten) die Papierquadrate in dem vorgegebenen Zeitabstand. Die dritte (und vierte) schneidet aus jedem Papierquadrat zwei möglichst gleich große Dreiecke. In weiteren Drei-Minuten-Durchgängen wird der Zeitabstand bei der Angabe der Papierquadrate ständig verringert.

Zeitabstand für Angabe in Sekunden	Dreiergruppe Anzahl der angegebenen Quadrate je 3 Minuten	Vierergruppe Anzahl der angegebenen Quadrate je 3 Minuten
15	12	24
10	18	36
8	24	48
6	30	60
4	45	90
3	60	120
2	90	180
Summe	279	558

Übersicht zur Versuchsdurchführung

Stoffwechsel	Modell
Substrat	
Enzym	
Produkt	
Substratkonzentration	
unterschiedliche Enzymkonzentration	
Reaktionsgeschwindigkeit	
keine optimalen Bedingungen	zum Beispiel „verkehrte" Hand zum Schneiden benutzen

Vergleich von Stoffwechselprozess und Modellversuch

1. Klären Sie vor Versuchsbeginn die Analogie zwischen einem enzymatisch katalysierten Stoffwechselprozess und den einzelnen Bedingungen des Modellversuchs! Ergänzen Sie die Tabelle!
2. Führen Sie den Versuch in den einzelnen Gruppen durch! Zählen Sie am Schluss die Anzahl der bearbeiteten Papierquadrate pro Durchgang zusammen und mitteln Sie die Ergebnisse der einzelnen Gruppen!
3. Stellen Sie die Ergebnisse grafisch dar!
4. Erklären Sie den Zusammenhang zwischen Substratkonzentration, Enzymmenge und Reaktionsgeschwindigkeit, und erklären Sie mithilfe Ihrer Ergebnisse die Abwehrstrategie des Bombardierkäfers!

Temperaturabhängigkeit der Enzymwirkung

M1 Verbreitung des Bombardierkäfers in Europa

Die unten stehende Karte zeigt das Verbreitungsgebiet des Bombardierkäfers in Europa. Auffallend ist, dass der Käfer nur in südeuropäischen Staaten vorkommt. Mithilfe des folgenden Versuches können Sie überprüfen, ob stoffwechselphysiologische Gründe diese Beobachtung erklären können.

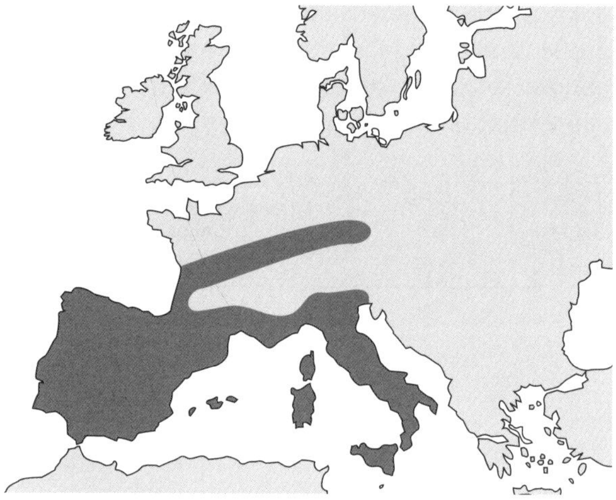

M2 Katalaser

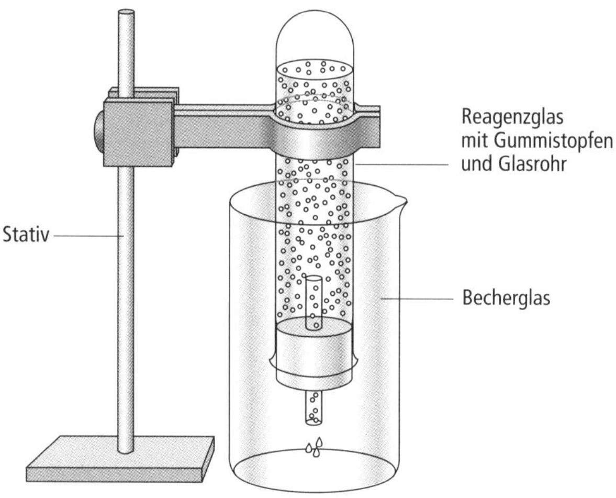

M3 Versuch

Material: Wasserstoffperoxidlösung (5 %, Xi), 40 ml Hefesuspension, 16 Reagenzgläser, 8 Einloch-Stopfen, 8 kurze Glasröhrchen, 8 hohe Bechergläser, 8 Brenner mit Stativ oder Kochplatte, Eiswürfel, Thermometer

Durchführung: Rühren Sie 40 ml Hefesuspension an und verteilen Sie diese gleichmäßig auf acht Reagenzgläser.
Füllen Sie acht Bechergläser mit Wasser. Temperieren Sie das Wasser in den einzelnen Gläsern auf 2, 10, 20, 30, 40, 50, 60 und 70 °C und stellen Sie die Reagenzgläser hinein.
Füllen Sie je 5 ml Wasserstoffperoxidlösung in die anderen acht Reagenzgläser und stellen Sie je ein Reagenzglas in ein Becherglas. Geben Sie, wenn die Temperatur in den Reagenzgläsern der Wassertemperatur des jeweiligen Becherglases entspricht, die Wasserstoffperoxidlösung zu der Hefesuspension und verschließen Sie sofort das Reagenzglas mit dem Stopfen. Schieben Sie das Glasröhrchen durch den Stopfen, drehen Sie das Reagenzglas um und stellen Sie es so in das Becherglas zurück (siehe M2). Markieren Sie den Flüssigkeitsstand in den Reagenzgläsern (a).
Warten Sie fünf Minuten, halten Sie dabei die Wassertemperatur konstant, markieren Sie dann erneut den Flüssigkeitsstand in den Reagenzgläsern (b). Messen Sie den Abstand zwischen den beiden Markierungen a und b.
Der Abstand zwischen a und b gilt als Maß für die Sauerstoffentwicklung und damit für die stoffwechselphysiologische Aktivität.

1. Fertigen Sie ein Versuchsprotokoll an! Ihr Versuchsprotokoll sollte unter anderem eine Versuchsskizze, eine grafische Darstellung der Messergebnisse und ein exakt formuliertes Versuchsergebnis enthalten!
2. Informieren Sie sich mithilfe Ihres Buches über die **R**eaktions**g**eschwindigkeit-**T**emperatur-Regel! Tragen Sie in Ihre Grafik den hypothetischen Verlauf einer stoffwechselphysiologischen Aktivitätskurve nach der RGT-Regel ein!
3. Informieren Sie sich mithilfe Ihres Schulbuches über den Einfluss der Temperatur auf Proteine!
4. Erklären Sie jetzt mithilfe Ihrer Kenntnisse Ihre Versuchsergebnisse!
5. Setzen Sie sich kritisch mit der Frage auseinander, ob dieses Versuchsergebnis die Gründe für die Verbreitung des Bombardierkäfers eindeutig klärt!

Lösungen

Vorwissen: Bau und Funktion der Proteine

Der Bombardierkäfer

1. Der Bombardierkäfer besitzt einen sehr beweglichen Hinterleib, an dessen Ende die „Knalldrüse" mündet. Die „Knalldrüse", ein dreiteiliges Organ, besteht aus
   - einer Drüse, die über einen Gang mit dem Reservoir verbunden ist. In dieser Drüse wird (Methyl-)Hydrochinon und Wasserstoffperoxid gebildet.
   - dem Reservoir, in dem (Methyl-)Hydrochinon und Wasserstoffperoxid gespeichert wird.
   - der Explosionskammer, in deren Wand sich Enzymdrüsen zur Herstellung der Enzyme Katalase und Peroxidase befinden. Die Kammer selbst ist der Explosionsort.
2. Wasserstoffperoxid reagiert mithilfe der Katalase zu Wasser und Sauerstoff.

   $$2\ H_2O_2 \xrightleftharpoons{\text{Katalase}} 2\ H_2O + O_2$$

   Sauerstoff und Hydrochinon reagieren mithilfe der Peroxidase zu Chinon.
3. Warum reagiert die Katalase mit dem Wasserstoffperoxid und nicht etwa mit dem Hydrochinon?
   Wieso reagieren Wasserstoffperoxid und Hydrochinon nicht schon im Vorratsbehälter miteinander?
   Wie kommt es zur Wärmeentwicklung bei dieser Reaktion?
   Warum feuert der Käfer mehrmals hintereinander und setzt nicht alles auf eine Karte?
   Gibt es stoffwechselphysiologische Gründe für die Verbreitung von *Brachynus explodens*?
4. Umfassende Informationen zum Bombardierkäfer finden sich in:
   JACOBS, W., RENNER, M.: Biologie und Ökologie der Insekten. Stuttgart: Fischer 1988.

Versuch: Substrat- und Wirkungsspezifität der Enzyme

Hinweis: Das für den Versuch notwendige ABTS (2,2`-**A**zino-**b**is(3-ethyl)-**b**enz**t**hiazolin**s**ulfonsäure) kann bezogen werden über: VWR, Tiestestr. 16-18, 30171 Hannover, www.vwr.com.
Enzym- und Zuckerlösungen sind im Kühlschrank vier Wochen haltbar, die ABTS-Lösung muss frisch angesetzt werden. Die fertigen Glucoseteststreifen sind an einem trockenen, dunklen und kühlen Ort aufbewahrt mehrere Wochen haltbar.

1. α-Glucose und β-Fructose haben die gleiche Summenformel: $C_6H_{12}O_6$. Saccharose entsteht unter Wasserabspaltung aus einem Molekül β-Fructose und einem Molekül α-Glucose. Summenformel: $C_{12}H_{22}O_{11}$.
   Strukturformeln:

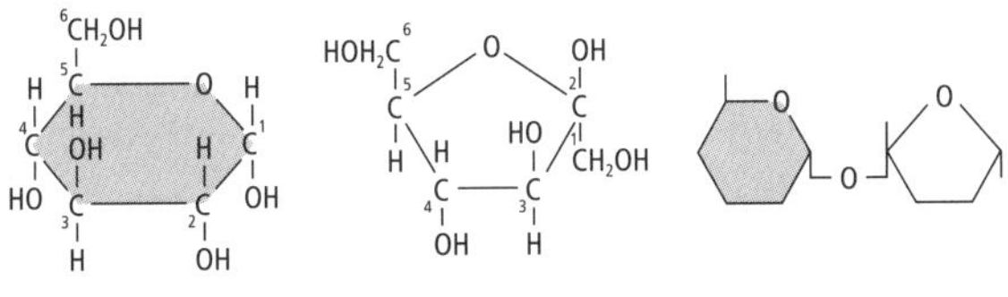

α-Glucose **β-Fructose** **Saccharose**

2. Der Glucosenachweis erfolgt mithilfe der „Glucose-Peroxidase-Methode", die den Nachweis kleinster Mengen Glucose in Flüssigkeiten ermöglicht: Das Enzym Glucoseoxidase (GOD) oxidiert Glucose bei Vorhandensein von Wasser und Sauerstoff zu Gluconsäure und Wasserstoffperoxid. Peroxidase (POD) zersetzt Wasserstoffperoxid. Der dabei freiwerdende Sauerstoff oxidiert ABTS zu einem blauen Farbstoff (D).

   $$\text{Glucose} + H_2O + O_2 \xrightarrow{\text{GOD}} \text{Gluconsäure} + H_2O_2$$

   $$2\ H_2O_2 + \text{ABTS} \xrightarrow{\text{POD}} 2\ H_2O + \text{D}$$
3. *Substratspezifität:* In die dreidimensionale Struktur des aktiven Zentrums der GOD (= Schloss) passt nur die dreidimensionale Struktur der Glucose (= Schlüssel).
   Wirkungsspezifität: Von allen möglichen Reaktionen wird nur eine katalysiert.
4. Das Enzym Katalase ist das Schloss, Wasserstoffperoxid der Schlüssel. Die Substratspezifität kommt auch bei dieser Reaktion durch das Schlüssel-Schloss-Prinzip zustande.

Versuch: Enzyme als Biokatalysatoren

1. *Beobachtung*
   Ansatz 1: Es ist keine Reaktion zu beobachten, die Glimmspanprobe verläuft negativ.
   Ansatz 2 bis 6: Es ist eine heftige Reaktion und eine starke Wärmeentwicklung zu beobachten, die Glimmspanprobe verläuft positiv.
   Ansatz 7: Es ist keine Reaktion zu beobachten, die Glimmspanprobe verläuft negativ.
   Ergebnisse und Deutung
   Ansatz 1: Das Erhitzen reicht nicht aus, um die Aktivierungsenergie für die Spaltung von Wasserstoffperoxid zu Wasser und Sauerstoff aufzubringen.
   Ansatz 2: Braunstein wirkt als chemischer Katalysator. Die Aktivierungsenergie für die Reaktion wird so weit gesenkt, dass die Reaktion bei Zimmertemperatur ablaufen kann.
   Ansatz 3 bis 6: Hefe, Kartoffeln, Leber und Gartenerde (Mikroorganismen) enthalten Enzyme (Katalase), die als Biokatalysatoren die Aktivierungsenergie der Reaktion senken, sodass sie bei Zimmertemperatur abläuft.
   Ansatz 7: Sand besteht weitgehend aus anorganischem Material. Da kein geeigneter Katalysator vorhanden ist, bleibt die Reaktion aus.
2. Hefe (Pilze), Kartoffeln (Pflanzen), Leber (Tiere) und die Mikroorganismen aus der Gartenerde (Protozoen und Prokaryoten) sind Vertreter der einzelnen Reiche in der Biologie. Die Steuerung stoffwechselphysiologischer Prozesse mithilfe von Enzymen ist ein allgemeingültiges Prinzip in der Biologie.
3. Die Substrate allein reichen für eine stoffwechselphysiologische Reaktion nicht aus. Im Reservoir des Bombardierkäfers fehlen die Enzyme.

Exergone Reaktion

1. Unter einer exergonen Reaktion versteht man eine Reaktion, die unter Energieabgabe verläuft.
   Unter Aktivierungsenergie versteht man die Energiemenge, die notwendig ist, um eine chemische Reaktion zu starten. Den Ausgangsstoffen muss zunächst Aktivierungsenergie zugeführt werden, damit die Reaktion in Richtung Endstoffe ablaufen kann.

2. Enzyme senken die für das Starten einer stoffwechselphysiologischen Reaktion notwendige Aktivierungsenergie und wirken somit als Biokatalysatoren.
3. Die Reaktion von Wasserstoffperoxid zu Wasser und Sauerstoff ist eine exotherme Reaktion, das heißt bei dieser Reaktion wird Energie in Form von Wärme freigesetzt.
4. Unter einer endergonen Reaktion versteht man eine chemische Reaktion, die durch laufende Energiezufuhr erzwungen werden muss:

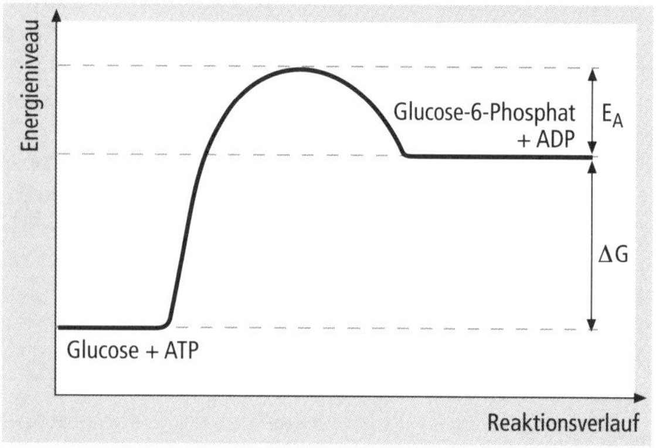

Modellversuch: Zusammenhang zwischen Substratkonzentration und Enzymmenge

1.

Stoffwechsel	Modell
Substrat	Quadrate
Enzym	Schneider
Produkt	zerschnittene Quadrate
Substratkonzentration	Zeitgeber + Anreicher
unterschiedliche Enzymkonzentration	unterschiedliche Anzahl von Schneidern
Reaktionsgeschwindigkeit	Zahl der Produkte je Zeit
keine optimalen Bedingungen	„verkehrte" Hand

2.

	1. Dreiergruppe		2. Dreiergruppe		Durchschnitt	
Zeitabstand	gegeben	geschnitten	gegeben	geschnitten		
15						
10						
8						
6						
4						
3						
2						

Ein entsprechendes Protokoll ist für alle weiteren Gruppen anzufertigen. Bei motorisch sehr geschickten Schülerinnen und Schülern empfiehlt es sich, die Zeitabstände zu verkürzen.

3. Die grafische Darstellung der Werte des Modellversuches ergeben einen Kurvenverlauf, wie er für eine Messreihe zur Enzymaktivität in Abhängigkeit von der Substratkonzentration typisch ist:

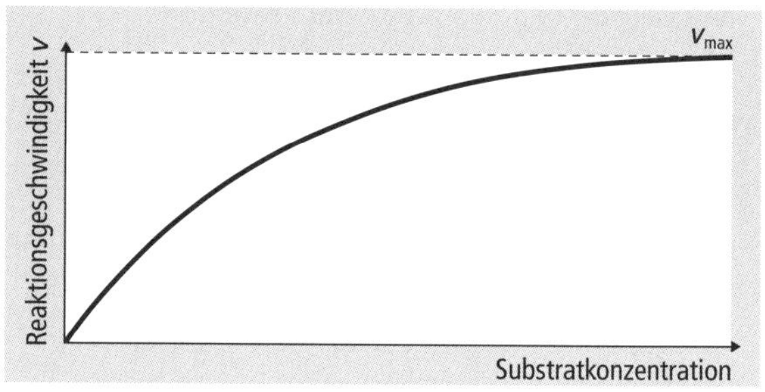

4. Substrat + Enzym ⟶ Enzym-Substrat-Komplex ⟶ Enzym + Produkt

Die Reaktion verläuft optimal, wenn das Verhältnis zwischen Enzym- und Substratmolekülen ausgewogen ist. Jede Abweichung von diesem Verhältnis verringert die Reaktionsgeschwindigkeit. Enzyme besitzen ein Temperatur- und pH-Wert-Optimum, auch hier verringert jede Abweichung von den optimalen Werten die Reaktionsgeschwindigkeit. Eine höhere Substratkonzentration bei vorgegebener Enzymkonzentration führt nur bedingt zu einer Zunahme der Reaktionsstärke. Ein „Supergau" ist bei einer enzymatisch katalysierten Reaktion nicht möglich.

Temperaturabhängigkeit der Enzymwirkung

1.

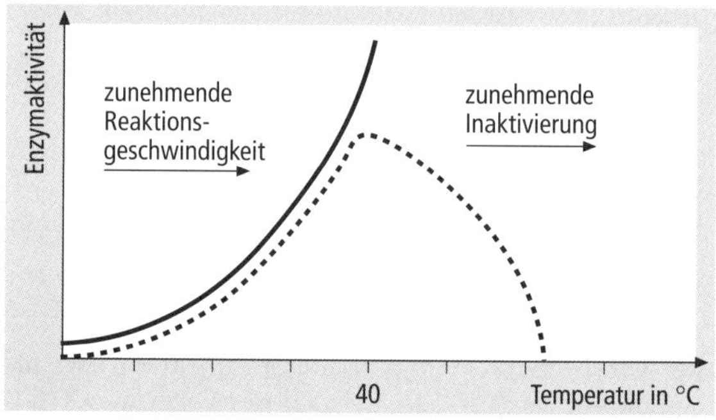

Mit zunehmender Temperatur steigt die Stoffwechselaktivität zunächst an. Ab 40 °C nimmt sie zunehmend ab.

2. Die Reaktionsgeschwindigkeit einer chemischen Reaktion verdoppelt sich in etwa bei einer Temperaturerhöhung um 10 °C. Der Kurvenverlauf ist in der obigen Abbildung dargestellt.
3. Proteine sind temperaturabhängig. Hohe Temperaturen ab 40 °C zerstören ihre dreidimensionale Struktur (Denaturierung).
4. Enzyme sind Proteine und damit in ihrer Wirkung temperaturabhängig. Hohe Temperaturen führen zur Denaturierung und damit zu einem irreversiblen Funktionsverlust. Niedrige Temperaturen führen zu einer Zunahme der für die Reaktion notwendigen Aktivierungsenergie und damit zu einer mit sinkenden Temperaturen abnehmenden Enzymaktivität.
5. Käfer sind als Insekten wechselwarme Tiere und damit von den Außentemperaturen abhängig. Die Verbreitung einer Tierart ist aber in der Regel von einer Vielzahl von Faktoren abhängig.

Die Zerstörung der Maniokfelder

M1 Eine Katastrophe bahnt sich an

Kisuve, ein kleines Dorf in Zaire, 200 Kilometer entfernt von der Hauptstadt Kinshasa. Das kleine Maniokfeld sieht erbärmlich aus. Die Pflanzen sind kaum einen Meter hoch, die wenigen Blätter eingerollt und geschrumpft, die Knollen winzig klein. Es wird keine Ernte geben. Mrs. Ouzo, die Bäuerin des Feldes, ist verzweifelt. „Es wird von Jahr zu Jahr schlimmer. Das letzte Mal hatten wir auf unserem neu angelegten Feld wenigstens einige gut gewachsene Knollen, auch wenn es nicht bis zur nächsten Ernte gereicht hat. Das Zurechtschneiden der Saatknollen mit den Stängelabschnitten hat soviel Arbeit gemacht. Früher mussten wir keinen Maniok kaufen, die Ernte unseres Feldes reichte für alle. Knollen von fünf Kilogramm Gewicht habe ich geerntet. Mein Mann ist nach Kinshasa gegangen, um Arbeit zu suchen. Bei seinem letzten Besuch hat er erzählt, auf seiner Reise in die Stadt hat er nichts anderes gesehen als zerstörte Maniokfelder. Jetzt kostet die Menge Maniok, die meine Familie in der Woche benötigt, bereits so viel, wie er im Monat verdient. Wenn er Arbeit findet. Dieses Jahr wird mein ältester Sohn mitgehen müssen. Früher gab es jeden Tag Maniok, auch wenn er viel Arbeit macht. Erst das Kochen und dann das Stampfen. Meine Tochter war noch so klein, die konnte noch nicht helfen. Und jetzt könnte sie und es gibt keinen mehr. Die Schwester von der Krankenstation hat immer geschimpft. Maniokbrei alleine macht krank, vor allem, wenn er nicht gut gekocht ist. Aber etwas anderes konnten wir uns nicht leisten und wir wurden wenigstens satt. Die Blätter sind auch sehr schmackhaft, doch jetzt sind sie welk und auf der Unterseite mit einem schmierigen weißen Belag bedeckt. Die Leute von der Regierung sagen, es sind Schmierläuse. Auf keiner anderen Pflanze sieht man diese Tiere. Ich kann auch nichts anderes anbauen, auf diesem Boden wächst sonst nichts. Die alten Männer erzählen, dass die Sklavenjäger den Maniok mitgebracht haben. Ich kann es mir gar nicht vorstellen, ausgerechnet die.
Eine solche Katastrophe hat es noch nie gegeben."

M2 Maniokpflanze

M3 Auftreten zerstörter Maniokfelder

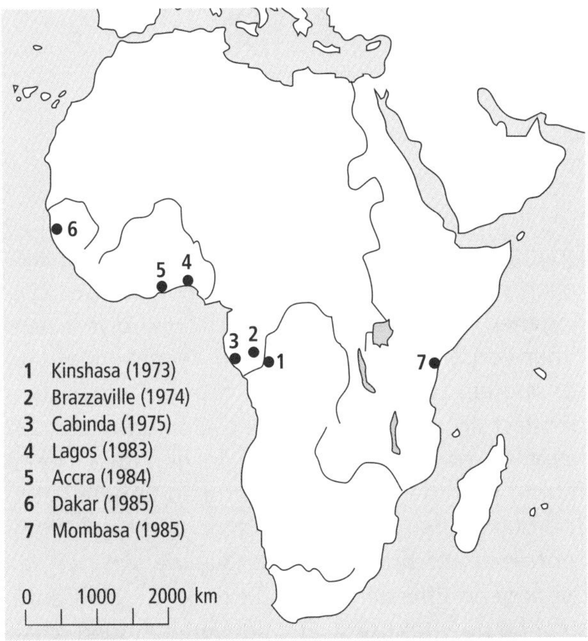

1. Informieren Sie sich in der Literatur und im Internet über Maniok! Erarbeiten Sie einen Steckbrief zu dieser Pflanzenart! Erklären Sie mithilfe dieses Steckbriefes Mrs. Ouzos Angaben!
2. Charakterisieren Sie das Anbaugebiet des Maniok (M3) hinsichtlich der dort herrschenden Temperaturen und Niederschlagsmengen! Nehmen Sie einen Atlas zuhilfe!
3. Entwickeln Sie Hypothesen, wie es zu dieser Katastrophe kommen konnte!

Grundnahrungsmittel Maniok

M1 Maniok: Trends in Ertrag und Versorgung, 1968 bis 1998

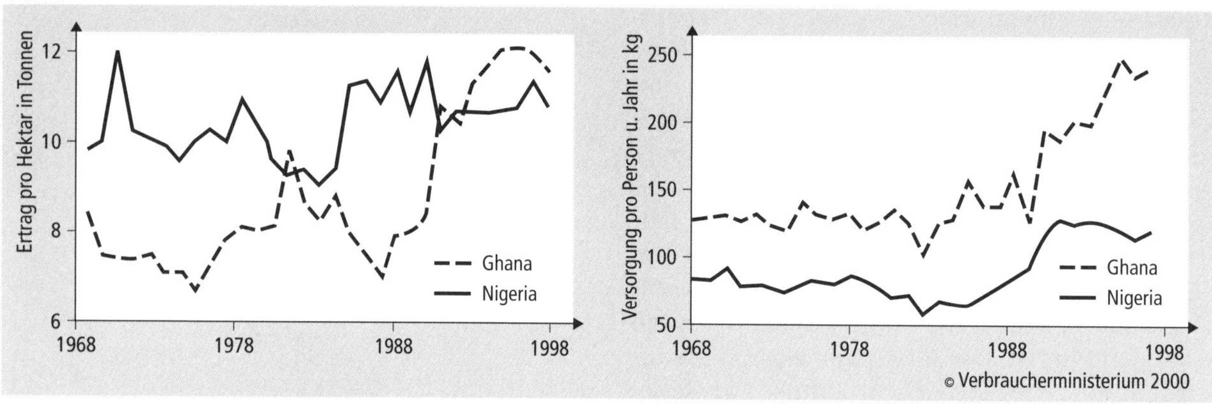

M2 Maniok: Ernteflächen in Hektar, 1968 bis 1998

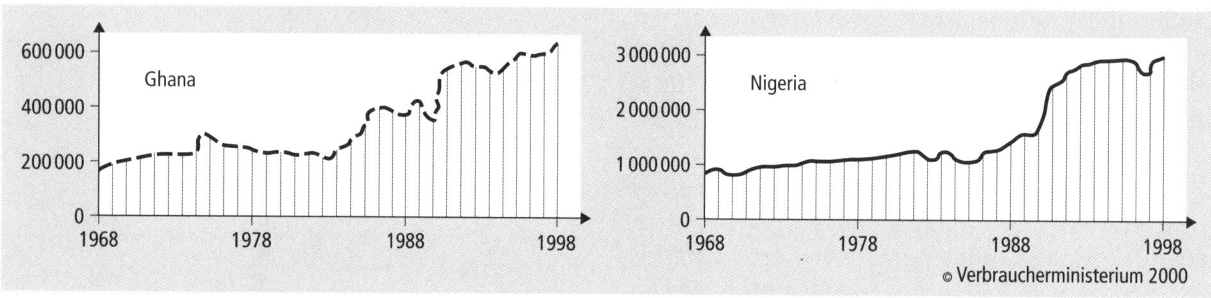

M3 Cyanogene Pflanzen

Gegen Fressfeinde schützt sich Maniok durch seinen Linamarin haltigen Milchsaft, der in allen Pflanzenteilen enthalten ist. Linamarin gehört zu den cyanogenen Glykosiden, die durch Hydrolyse zwei Typen von Gift freisetzen können: Cyanide (Blausäure) und ein toxisches Keton (Aceton). Cyanide binden fest an das Cytochrom der Atmungskette und hemmen so dessen Wirkung. In geringen Dosen führen Cyanide zur Kropfbildung, in höheren zum Tod durch Energiemangel. Aceton wirkt auf Pflanzenfresser abschreckender als Cyanide.

Cyanogene Pflanzen produzieren keine Blausäure, solange sie intakt sind. Erst bei Verletzungen scheiden sie aus zerstörten Zellen neben Linamarin das Enzym Linamarase aus, welches für die Reaktion notwendig ist.

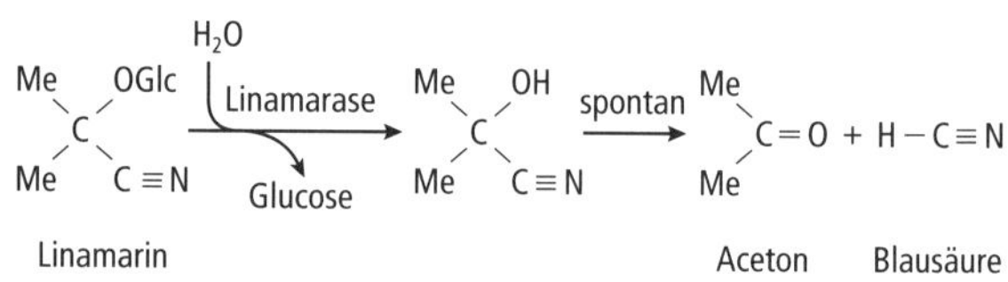

In rohem Zustand ist Maniok deshalb giftig. Je nach Gehalt an Linamarin unterscheidet man zwei Sorten Maniok: den bitteren Maniok mit hohem und den süßen mit geringem Glykosidanteil. Auch nach der Verarbeitung sind noch Cyanide vorhanden. Wird Maniok als Hauptnahrung verwendet, nehmen Menschen täglich 35 Milligramm Glykoside zu sich, die Hälfte der tödlichen Dosis.

1. Erläutern Sie mithilfe von M1 und M2 die Bedeutung des Manioks als Grundnahrungsmittel!
2. Erklären Sie die Nachteile des Maniokverzehrs! Warum ist Maniok nach dem Erhitzen essbar?
3. Ursache des Absterbens der Maniokpflanzen war der Befall mit der Maniok-Schmierlaus und deren rasend schnelle Ausbreitung. Entwickeln Sie Vorschläge, wie man dieses Problem in den Griff bekommen kann!

Die Vermehrung bei Schildläusen

M1 Steckbrief

Die Maniok-Schmierlaus gehört zu den Schildläusen, einer Schwestergruppe der Blattläuse. Die Vermehrungsstrategien der Schildläuse sind durch Vielfältigkeit gekennzeichnet. Neben der gewöhnlichen zweigeschlechtlichen Fortpflanzung gibt es Zwittrigkeit und verschiedene Formen der Jungfernzeugung (Parthenogenese). Manche Arten verfügen über mehrere Möglichkeiten der Fortpflanzung, die sie je nach Bedarf einsetzen. Beide Geschlechter der Schildläuse sind diploid, männliche Tiere aber funktionell haploid, da der väterliche Chromosomensatz stark verdichtet und inaktiviert (heterochromatisch) wird. Bei der Meiose wird dieser Satz wieder aktiviert.

M2 Meiose bei weiblichen Schildläusen

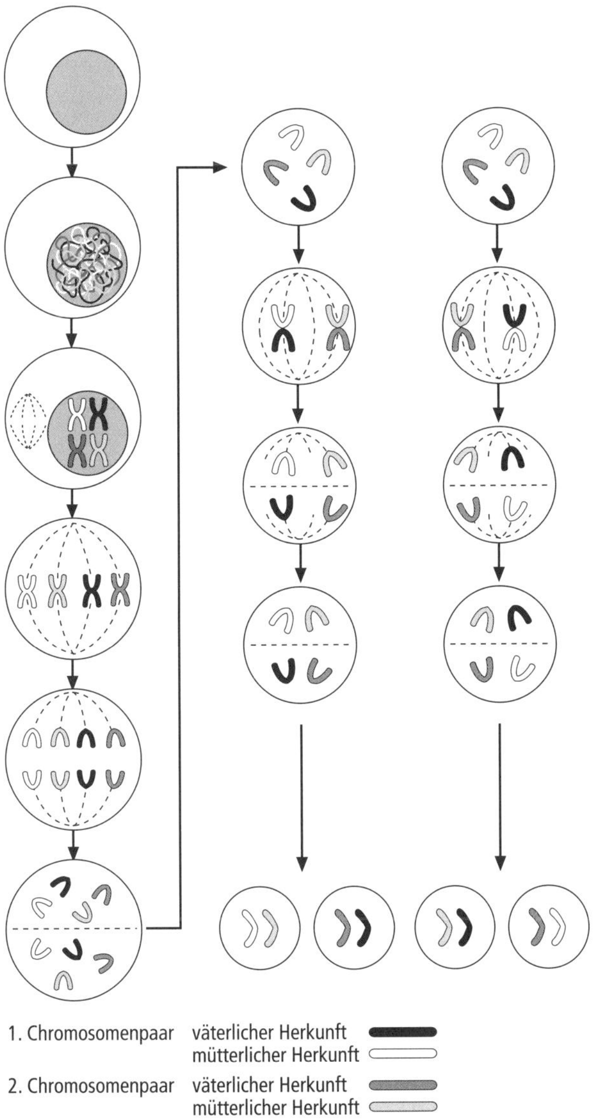

M3 Meiose bei männlichen Schildläusen

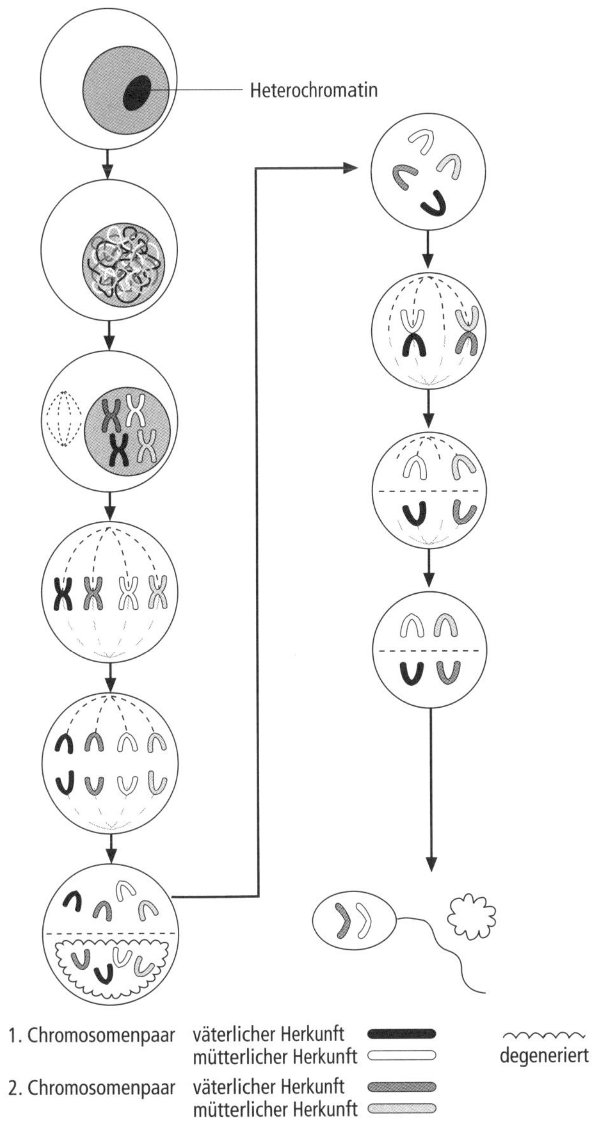

1. Benennen Sie die in M2 beziehungsweise M3 dargestellten einzelnen Phasen der Meiose!
2. Vergleichen Sie mithilfe Ihres Schulbuches die Meiose der Schildläuse mit der menschlichen Meiose!
3. Arbeiten Sie Besonderheiten bei der Meiose der Schildläuse heraus!
4. Informieren Sie sich in der Literatur und im Internet über die verschiedenen Formen der Parthenogenese! Klären Sie, welche Form der Parthenogenese bei den Schildläusen realisiert wird!

Das Erfolgsrezept: Mädchen, Mädchen und nochmals Mädchen

M1 Sexualdimorphismus

Charakteristisch für Schildläuse ist ihr ausgeprägter Sexualdimorphismus, das heißt die Geschlechter sind unterschiedlich gestaltet. Männchen zeigen den typischen Bau der Insekten, Weibchen sind geschlechtsreif gewordene Larven (Neotenie). Sie scheiden Wachs oder andere Substanzen aus, die an der Luft zu einem Schild verhärten und ihnen Schutz vor Witterung und Fressfeinden bieten.

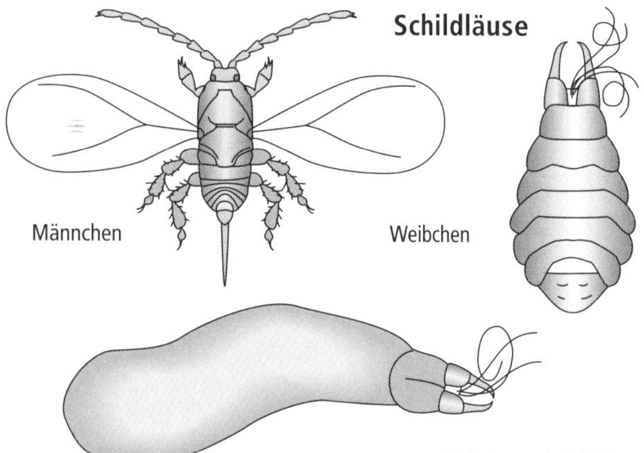

M3 Nahrungsaufnahme, Verdauung und Ausscheidung bei Blattläusen

Schildläuse sind wie Blattläuse Phloemsauger. Der Saft in den Phloemröhren steht derartig unter Druck, dass er, werden die Röhren angestochen, in die Schildlaus strömt, ohne dass diese saugen muss. Phloemsaft ist gegenüber der Hämolymphe, der Körperflüssigkeit der Schildläuse, hypertonisch. Von Schildläusen befallene Pflanzen sind nach kurzer Zeit von einer klebrigen, süß schmeckenden Substanz bedeckt, dem so genannten Honigtau.

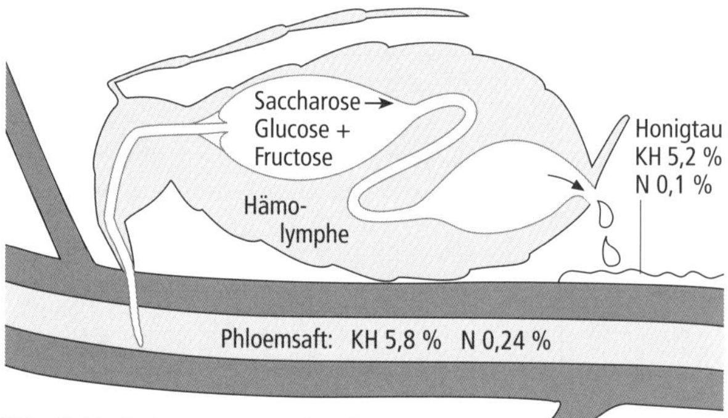

KH = Kohlenhydrate N = Stickstoff

M2 Keimzellbildung bei der Maniok-Schmierlaus

Alle in Afrika vorkommenden Maniok-Schmierläuse sind weiblich. Männliche Tiere wurden, anders als in Südamerika, niemals beobachtet. Parthenogenese (Jungfernzeugung) ist eine eingeschlechtliche Form der Fortpflanzung, die bei Insekten außerordentlich weit verbreitet ist und in vielen verschiedenen Formen vorkommt. Die Nachkommen entstehen aus Eizellen, die aus einer unvollständig erfolgten Reduktionsteilung hervorgegangen sind und sich unbefruchtet zu fertilen Tieren entwickeln.

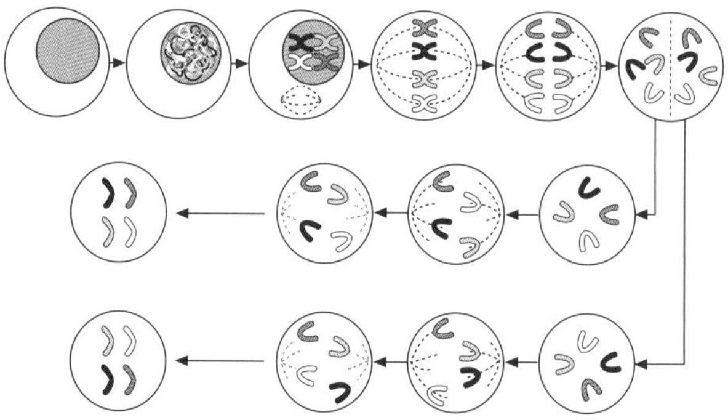

1. Weibliche Schildläuse sind nur sehr begrenzt in der Lage, sich aktiv fortzubewegen. Klären Sie mithilfe Ihrer Kenntnisse über den Maniokanbau (siehe Seite 37: „Die Zerstörung der Maniokfelder"), wie es der Maniok-Schmierlaus dennoch gelingen konnte, sich derartig schnell in Afrika auszubreiten!
2. Arbeiten Sie mithilfe von M2 die Besonderheiten bei der Meiose afrikanischer Schmierläuse heraus!
3. Was bedeutet „hypertonisch"? Fertigen Sie eine Schemazeichnung an und verdeutlichen Sie die Konzentrationsverhältnisse in der Hämolymphe der Leibeshöhle und im Verdauungstrakt (M3)!
4. Erklären Sie das Zustandekommen des klebrigen, süßen Belages auf den Pflanzen! Berücksichtigen Sie dabei, dass Blatt- und Schmierläuse für ihre rasante Vermehrung große Mengen an Aminosäuren und Ionen benötigen, die im Phloemsaft nur in geringen Mengen vorhanden sind (M3)!
5. Blatt- und Schmierläuse haben trotz ihrer geringen Größe eine verheerende Wirkung auf die von ihnen befallenen Pflanzen. Arbeiten Sie aus den Materialien mindestens zwei dafür verantwortliche Gründe heraus!

Dr. Herrens Geheimwaffe

M1 Schlupfwespen

1980 reiste der Schweizer Entomologe Hans Herren nach Südamerika mit dem Ziel, die Ursprungsheimat der Maniok-Schmierlaus zu finden. Diese Schildlausart war Anfang der siebziger Jahre in Afrika „aus dem Nichts" aufgetaucht und hatte sich „wie eine Staubwolke" verbreitet, vernichtete Ernten hinter sich lassend. Niemand wusste, woher sie stammte, genau genommen hatte man vorher nicht einmal gewusst, dass es sie gab. Maniok stammt ursprünglich aus Südamerika, und die einzige bekannte, nahe verwandte Art der Maniok-Schmierlaus war eine Baumwoll-Schildlausart in Yucatan. Herren hoffte, in Südamerika Maniok-Schmierläuse zu finden und einen Fressfeind oder einen Parasiten, der sie dort derartig in Schach hielt, dass dieser bisher der Aufmerksamkeit der Entomologen entgangen war. Systematisch sammelte er alle Schildlausarten, die er finden konnte, und schickte sie zwecks Bestimmung an das Entomologische Institut in London. Nach Monaten identifizierte man dort die richtige Art und nicht nur das: Aus dem Leib der südamerikanischen Maniok-Schmierläuse schlüpften kleine Insekten, parasitische Schlupfwespen.

Schlupfwespe ist ein Sammelname für mehrere Familien der Hautflügler. Ihnen gemeinsam ist, dass die weiblichen Tiere mit einem Legebohrer ausgestattet sind, mit dessen Hilfe sie ihre Eier in oder an den Leib eines Wirtstieres ablegen. Manche Schlupfwespenarten sind bei der Wahl der Wirtstierart ausgesprochen eigen. Man vermutet, dass sie sich bei der Suche nach einem Wirt von dem Duft der Futterpflanze ihres Wirtes leiten lassen. Ist die Schlupfwespenlarve geschlüpft, frisst sie im Verlauf ihrer eigenen Entwicklung das Wirtstier auf. Dabei wird zuerst relativ entbehrliches Wirtsgewebe gefressen, sodass das Tier möglichst lange am Leben bleibt. Adulte Schlupfwespen sind in ihren Nahrungsvorlieben eher genügsam, sie begnügen sich mit Honigtau.

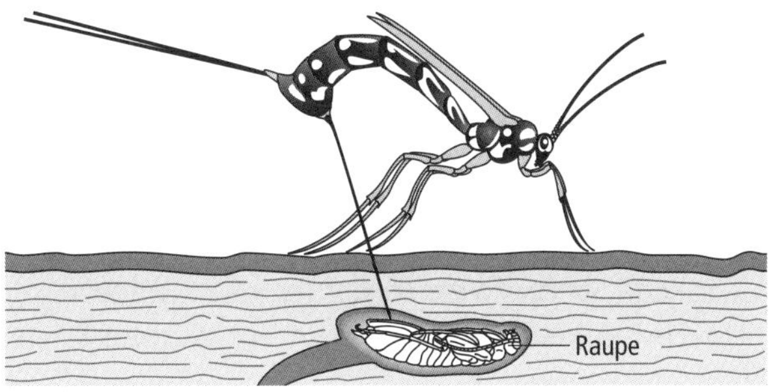

Parasitische Schlupfwespe *(Ichneumonidae)*

M2 Darwins Verhältnis zu Schlupfwespen

„Es ist des Schöpfers zahlloser Weltensysteme unwürdig, jeden einzelnen der Myriaden kriechender Parasiten erschaffen zu haben. [...] Ich kann nicht glauben, dass ein gütiger und allmächtiger Gott die *Ichneumonidae* vorsätzlich und eigens zu dem Zweck geschaffen hat, dass sie sich in lebenden Raupen von deren Körper ernähren."

M3 Blattlausvermehrung und Fraßleistung von Marienkäfern in Klimakammerversuchen bei unterschiedlichen Temperaturen

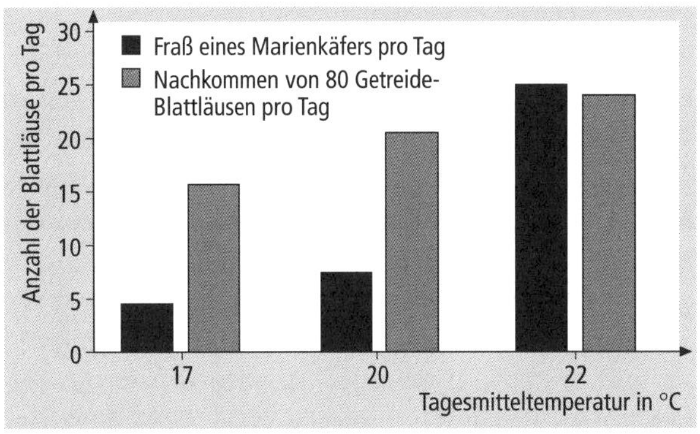

Als bedeutender Fressfeind der Schild- und Blattläuse entpuppte sich der Marienkäfer. In Klimakammerversuchen wurde seine Fraßleistung und die Vermehrungsrate der Läuse bei verschiedenen Temperaturen untersucht.

1. In der Anfangszeit der biologischen Schädlingsbekämpfung hat man zum Teil trotz bester Absichten mit der Aussetzung fremder Arten in einem Gebiet große Schäden angerichtet. Suchen Sie mithilfe der Literatur und des Internets ein Beispiel!
2. Welche Bedingungen müssen erfüllt sein, damit eine Art zur biologischen Schädlingsbekämpfung geeignet ist?
3. Klären Sie, welche der beiden Arten (Schlupfwespe, Marienkäfer) diese Bedingungen am besten erfüllt!

Der „Wespenbomber"

M1 Hautflügler (Hymenoptera)

Alle Hautflügler besitzen eine haplodiploide Geschlechtsbestimmung, das heißt weibliche Tiere entwickeln sich aus befruchteten, männliche aus unbefruchteten Eiern.
Weibliche Schlupfwespen neigen dazu, unbefruchtete Eier in kleine, weniger gut entwickelte Wirtstiere abzulegen.

M2 Hinterleib eines weiblichen Hautflüglers mit Geschlechtsapparat

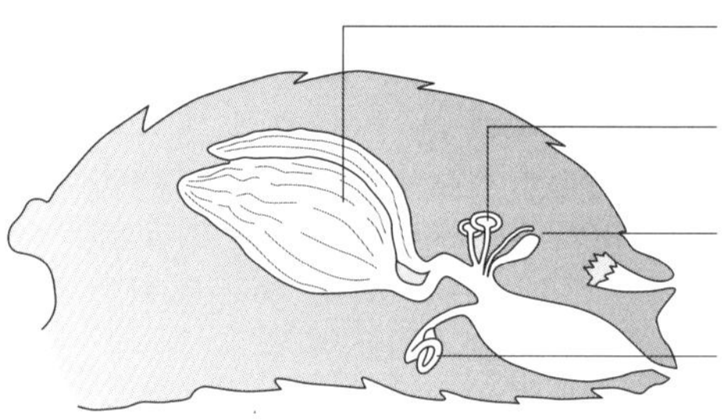

Verschließbare Spermatheca dient der Aufbewahrung männlicher Keimzellen.

M3 Schlupfwespen im Einsatz

HERREN und seine Mitarbeiter züchteten in großem Maßstab Schlupfwespen. 1981 wurden die ersten Tiere in einem Freilandversuch auf einem Maniokfeld ausgesetzt. Ein voller Erfolg. Innerhalb von drei Monaten brach die Schmierlauspopulation zusammen. Vier Jahre später begann die Bekämpfung in großem Maßstab. Mit einem Flugzeug wurden die Schlupfwespen über den Maniok-Anbaugebieten verteilt. Innerhalb weniger Monate waren die Felder zu 95 Prozent schmierlausfrei. 1991 flog der „Wespenbomber" das letzte Mal. Die Schmierlausplage war vorüber.

M4 Vermehrung der Schlupfwespe (theoretische Werte)

Generation	Anzahl der Tiere	Weibchen	Männchen
1	2	1	1
2	100	90	10
3	9 000	8 100	900
4	810 000	730 000	80 000
5	81 000 000	73 000 000	8 000 000

M5 Keimzellbildung bei weiblichen und männlichen Schlupfwespen

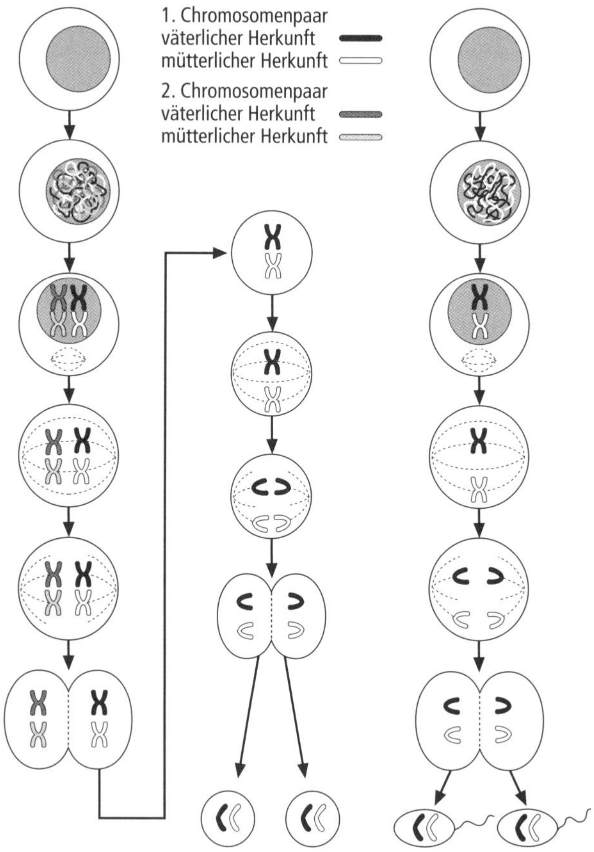

1. Stellen Sie die Entwicklung einer Schlupfwespenpopulation grafisch dar! Vergleichen Sie die Entwicklung der Anzahl weiblicher und männlicher Tiere!
2. Beschreiben Sie den Geschlechtsapparat der weiblichen Hautflügler (M2)! Erklären Sie, wie das Geschlecht der Nachkommen bestimmt werden kann!
3. Schlecht bestellte und ungepflegte Felder erwiesen sich als besonders nachteilig bei der biologischen Bekämpfung der Schmierläuse. Erklären Sie diese Beobachtung!
4. Benennen Sie mithilfe Ihrer Kenntnisse die einzelnen Phasen bei der weiblichen und männlichen Keimzellbildung von Schlupfwespen (M5)!
5. Vergleichen Sie die Keimzellbildung bei weiblichen und männlichen Schlupfwespen miteinander! Arbeiten Sie Gemeinsamkeiten und Unterschiede heraus!

Lösungen

Vorwissen: Mitose, Meiose, Enzymatik

Die Zerstörung der Maniokfelder

1. Die Urheimat des Manioks, auch Kassava genannt, liegt in Südamerika. Schon vor etwa 4000 Jahren nutzten Indianer die Pflanze als Nahrungsmittel. Portugiesische Sklavenhändler brachten den Maniok im 16. Jahrhundert nach Zentralafrika. Heute ist Maniok ein wichtiges Grundnahrungsmittel in Südamerika, Afrika und Südostasien. Unter den Weltnahrungsmitteln rangiert er an sechster Stelle.
   Die Pflanze ist ein mehrjähriges, bis drei Meter hohes Wolfsmilchgewächs mit handförmig geteilten Blättern. An den Wurzeln bilden sich durch sekundäres Dickenwachstum Knollen von 30 bis 90 cm Länge, 5 bis 15 cm Durchmesser und einem Gewicht von 2 bis 5 kg. Die Vermehrung erfolgt mittels Saatknollen, die einen kurzen Stängelabschnitt besitzen müssen. Die Ernte kann nach zwölf Monaten erfolgen. Die Knollen verderben nach Entnahme aus dem Boden rasch, sind aber unausgegraben bis zu drei Jahre haltbar. Allerdings verlieren sie im Laufe der Zeit einen großen Teil ihres Nährwertes. Im Weltdurchschnitt werden heute zehn Tonnen pro Hektar geerntet. Die Pflanze wächst auch auf trockenen, nährsalzarmen Böden. Die extrem langen Wurzeln sind in der Lage, Wasser aus großen Tiefen zu holen. Wurzeln und Blätter stellen die beiden nährstoffhaltigen Teile der Pflanze dar. Der Milchsaft der Pflanze enthält Linamarin, aus dem bei Verletzung Blausäure frei wird und das durch Hitzeeinwirkung zerstört werden kann. Daher kocht Mrs. Ouzo die Pflanzenteile vorher.
2. Das Anbaugebiet des Manioks liegt in den Tropen beziehungsweise Subtropen. Diese Gebiete sind durch eine Temperatur zwischen 20 bis 30 °C, einer Niederschlagsmenge von mehr als 1500 mm und einer doppelten Regenzeit im Frühsommer und Herbst gekennzeichnet.
3. Der Schmierlausbefall trat zuerst in großen Hafenstädten auf. Dies legt die Vermutung nahe, dass der Schädling mit Schiffen eingeschleppt wurde und die Maniokpflanzen zerstört hat.

Grundnahrungsmittel Maniok

1. Erträge von etwa zehn Tonnen pro Hektar reichen aus, um 50 bis 70 Personen ein Jahr lang zu ernähren. Vor 1990 lagen die Ernteerträge teilweise deutlich niedriger. In den siebziger Jahren und in der ersten Hälfte der achtziger Jahre unterschritten die Ernteerträge vor allem in Ghana und Nigeria kritische Werte. Seit Beginn der neunziger Jahre steigt die Produktion von Maniok in den beiden Ländern aus mehreren Gründen deutlich an. Die wesentlichen Gründe sind die Züchtung ertragreicherer und resistenterer Sorten, die Vergrößerung der Anbauflächen und eine stabilere politische Lage vor allem in Ghana. Maniok stellt in Ghana das bedeutendste Grundnahrungsmittel dar. Weltweit ist Maniok für etwa 500 Millionen Menschen das wichtigste Grundnahrungsmittel. Maniokmehl, Farinha und Farofa genannt, wird zur Herstellung von Fladenbrot, Brei, Soßen und Suppen genommen. Die Blätter des Maniokstrauches sind eiweißhaltig und werden zur Herstellung von Gemüsesoßen verwendet.
2. Maniokknollen enthalten ausreichend Kohlenhydrate, wenig Fett und Proteine, aber vor allem Cyanide. Eine Ernährung, die überwiegend aus Maniok besteht, führt zu Mangelerscheinungen. Geringe Mengen Cyanide in der Nahrung kann der menschliche Organismus tolerieren und über den Urin ausscheiden. Eine zu hohe Aufnahme kann Cassavismus mit schweren neurodegenerativen Schäden zur Folge haben.
   Das Enzym Linamarase ist als Protein hitzeempfindlich. Bei einer Temperatur von 75 °C wird das Enzym irreversibel denaturiert und damit unwirksam.
3. Geeignete Maßnahmen sind die chemische Schädlingsbekämpfung, für Entwicklungsländer in Afrika aber kaum zu bezahlen, die biologische Schädlingsbekämpfung und die Züchtung resistenter Sorten. Für die Züchtung resistenter Sorten ist ein Zeitraum von zehn bis zwanzig Jahren erforderlich.

Die Vermehrung bei Schildläusen

Hinweis: Um den Sachverhalt zu vereinfachen, werden nur zwei Chromosomenpaare dargestellt. Auch das Problem, wann aus den Ein-Chromatid-Chromosomen Zwei-Chromatiden-Chromosomen werden, wird nicht berücksichtigt.

1. Interphase, frühe Prophase, späte Prophase, Metaphase II, Anaphase II, Telophase II, Prophase, Metaphase I, Anaphase I, Telophase I, Oogenese bzw. Spermatogenese
2. Die Meiose verläuft bei weiblichen und männlichen Schildläusen invers. Die weiblichen Tiere bilden pro Urkeimzelle vier haploide, gleich gestaltete Keimzellen. Die männlichen Tiere sind funktionell haploid, für die Meiose werden die heterochromatischen Chromosomen reaktiviert. 50 Prozent der Produkte der beiden Reifeteilungen degenerieren. Die Chromosomen der männlichen Keimzelle werden nach der Verschmelzung mit der weiblichen Keimzelle heterochromatisch.
3. Zu den Besonderheiten zählt, dass
   - die Reifeteilung II vor der Reifeteilung I erfolgt (inverse Meiose).
   - die Rekombination väterlicher und mütterlicher Erbanlagen nur bei der weiblichen Meiose stattfindet.
   - bei den Männchen lediglich der mütterliche Chromosomensatz weitergegeben wird.
   - bei den Männchen eine monopolare Spindel (Spindel nur an einem Pol) ausgebildet wird.
4. Unter Parthenogenese (Jungfernzeugung) versteht man eine Form der eingeschlechtlichen Fortpflanzung, bei der die Nachkommen aus unbefruchteten Eiern entstehen. Bei Schildläusen werden folgende Formen realisiert:
   Bei der haploiden Parthenogenese entwickeln sich die Nachkommen aus Eizellen, die beide Reifeteilungen durchlaufen haben.
   Bei der diploiden Parthenogenese fällt die Reduktionsteilung aus oder erfolgt unvollständig, die weiblichen Keimzellen bleiben diploid.
   Bei der fakultativen Parthenogenese können sich die Eier im unbefruchteten und befruchteten Zustand weiterentwickeln. Aus den unbefruchteten Eiern entwickeln sich männliche, aus den befruchteten weibliche Tiere.

Das Erfolgsrezept: Mädchen, Mädchen und nochmals Mädchen

1. Maniokpflanzen werden mithilfe von Saatknollen mit kurzen Stängelabschnitten vermehrt. Eine nicht entdeckte und beseitigte weibliche Schmierlaus auf einer Saatknolle reicht für den Befall des neu angelegten Feldes aus, da sie sich parthenogenetisch vermehrt.
2. Zu den Besonderheiten zählen die
   - inverse Meiose, das heißt die Reifeteilung II erfolgt vor der Reifeteilung I.
   - diploide Parthenogenese. Die Reduktionsteilung verläuft unvollständig. Bei der Reifeteilung I wird kurzfristig ein Spindelapparat angelegt, jedoch sofort wieder aufgelöst, sodass eine Verteilung der homologen Ein-Chromatid-Chromosomen auf die Tochterzellen unterbleibt. Nach der Oogenese liegen die Keimzellen diploid vor und entwickeln sich ohne Befruchtung zu diploiden Weibchen.
3. Phloemsaft besitzt gegenüber der Hämolymphe eine höhere Konzentration gelöster Stoffe. Die Aufnahme von Kohlenhydraten und Stickstoffverbindungen aus dem Phloemsaft muss entgegen des Konzentrationsgefälles, das heißt unter Energieaufwand erfolgen.

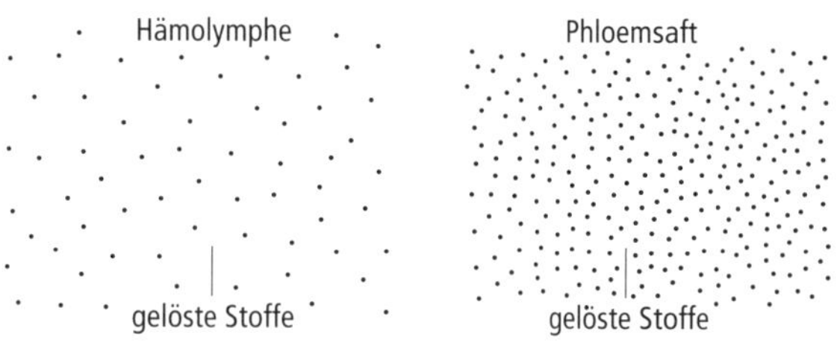

4. 90 Prozent Kohlenhydrate und 42 Prozent Stickstoffverbindungen im Phloemsaft werden von den Blatt- und Schmierläusen nicht genutzt und wieder ausgeschieden. Phloemsaft enthält nur geringe Mengen an Aminosäuren und Ionen. Schildläuse müssen große Mengen an Phloemsaft zu sich nehmen, um ihren aufgrund der raschen Vermehrung großen Aminosäuren- und Ionenbedarf zu decken. Ermöglicht wird dies dadurch, dass die Nahrungsaufnahme selbst keine Energie beansprucht.
5. Die beiden wichtigsten Gründe sind der hohe Nahrungsbedarf und die hohe Vermehrungsrate der Blatt- und Schmierläuse. Phloemsaft stellt bezogen auf den Aminosäuren- und Ionengehalt eine Mangelernährung dar. Aufgrund ihrer hohen Vermehrungsrate und des dadurch bedingten hohen Bedarfs an Aminosäuren und Ionen müssen Blatt- und Schmierläuse große Mengen an Phloemsaft saugen. Diesen scheiden sie zu einem erheblichen Teil unverdaut wieder aus.

Dr. Herrens Geheimwaffe

1. Ein Beispiel ist die Einführung des Mungos auf Jamaika zur Bekämpfung der Rattenplage.
2. Die Art muss streng monophag sein, das heißt auch bei Futterknappheit darf sie nicht auf andere Nahrungsquellen ausweichen. Bei Brutparasitismus muss sie streng wirtsspezifisch sein. Die Larven anderer Insektenarten dürfen nicht zur Eiablage genommen werden.
3. Die Fraßleistung des Marienkäfers ist stark temperaturabhängig. Erst bei höheren Temperaturen ist der Marienkäfer ein wirksamer Regulator für eine Läusepopulation. Diese Bedingung ist in den Tropen gegeben. Marienkäfer sind aber weder streng monophag noch wirtsspezifisch. Beide Bedingungen treffen für die Schlupfwespe zu.

Der „Wespenbomber"

1.

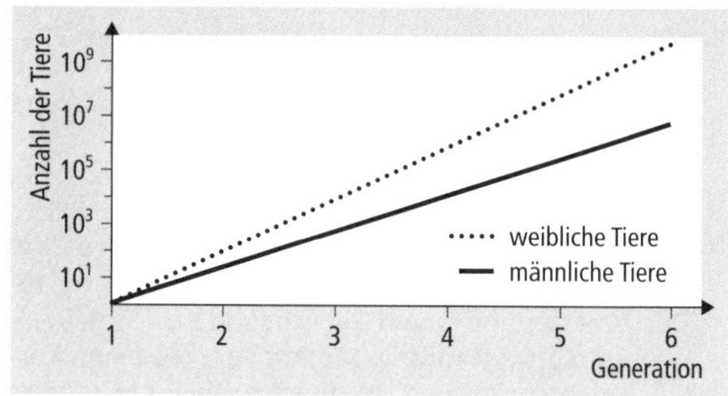

2. Begattung und Befruchtung erfolgen bei vielen weiblichen Hautflüglern nicht zeitgleich. Weibliche Schlupfwespen besitzen eine Spermatheca, in der die männlichen Keimzellen nach der Begattung aufbewahrt werden. Verlässt ein befruchtungsfähiges Ei den Eierstock, so kann während der Passage durch den Eileiter eine Befruchtung des Eis stattfinden, muss aber nicht. Die Entscheidung wird in der Regel durch abiotische Faktoren ausgelöst. Aus befruchteten Eiern entwickeln sich diploide weibliche, aus unbefruchteten haploide männliche Tiere.
3. Schlecht bestellte und ungepflegte Felder bringen unterentwickelte Pflanzen hervor. Schildläuse auf derartigen Pflanzen entwickeln sich ebenfalls nicht gut. Schlupfwespen legen in kleine Schildläuse häufiger unbefruchtete Eier. Je schlechter das Feld bestellt ist, desto höher ist die Anzahl der männlichen Schlupfwespen. Männliche Schlupfwespen legen keine Eier, stellen also für Schildläuse keine Gefahr dar. Die Schildlauspopulation kann sich besser vermehren.
4. *Keimzellbildung weiblicher Schlupfwespen (fakultative Parthenogenese):*
   Reifeteilung I: Interphase, Prophase I, Metaphase I, Anaphase I, Telophase I
   Reifeteilung II: Prophase II, Metaphase II, Anaphase II, Telophase II
   Keimzellbildung männlicher Schlupfwespen:
   Reifeteilung II (Mitose): Prophase, Metaphase, Anaphase, Telophase
5. Die Keimzellbildung weiblicher Schlupfwespen entspricht einer vollständigen Meiose mit 1. und 2. Reifeteilung, die der männlichen Tiere einer Mitose (2. Reifeteilung).

Die Entwicklung des Maisanbaus

„Der Mais ist eine indianische Kulturpflanze, über deren Wildform nichts bekannt ist. Zu uns kam er über die Mittelmeerländer (Welschkorn!). Er wird wegen seines hohen Wärmeanspruchs nur in den wärmeren Gegenden Süddeutschlands hauptsächlich als Grünfutter angebaut." (Schulbuch, 1976)

M1 Entwicklung des Getreide- und Maisanbaus in der BRD

	Zeitraum	Anbaufläche (in 1000 ha)	Ertrag (in 1000 t)
Getreide	1948–52	439	1025
(ohne	1980–82	500	2266
Mais)	1996–99	330	1653
	1948–52	9	20
Mais	1980–82	136	853
	1996–99	363	3035

M2 Weltweite Verwendung von Mais

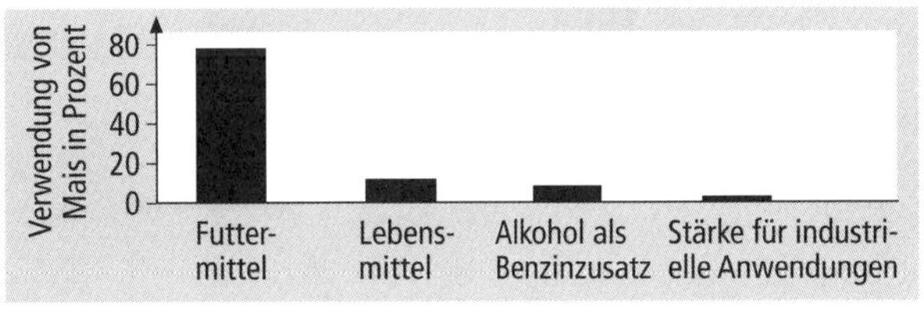

M3 Lebensmittel, in denen Maisprodukte vorkommen

Öl: Speiseöl, Margarine, Majonäse, Chips, Soßen, Suppen, Salatdressing
Stärke: Backwaren, Kaugummi, Konfekt, Kuchenfüllung, Mehl, Schokodrinks, Soßen
Glucosesirup: Backwaren, Getränke, Müsli, Eiscreme, Glasur

M4 Maisanbaugebiete der Erde, 1998

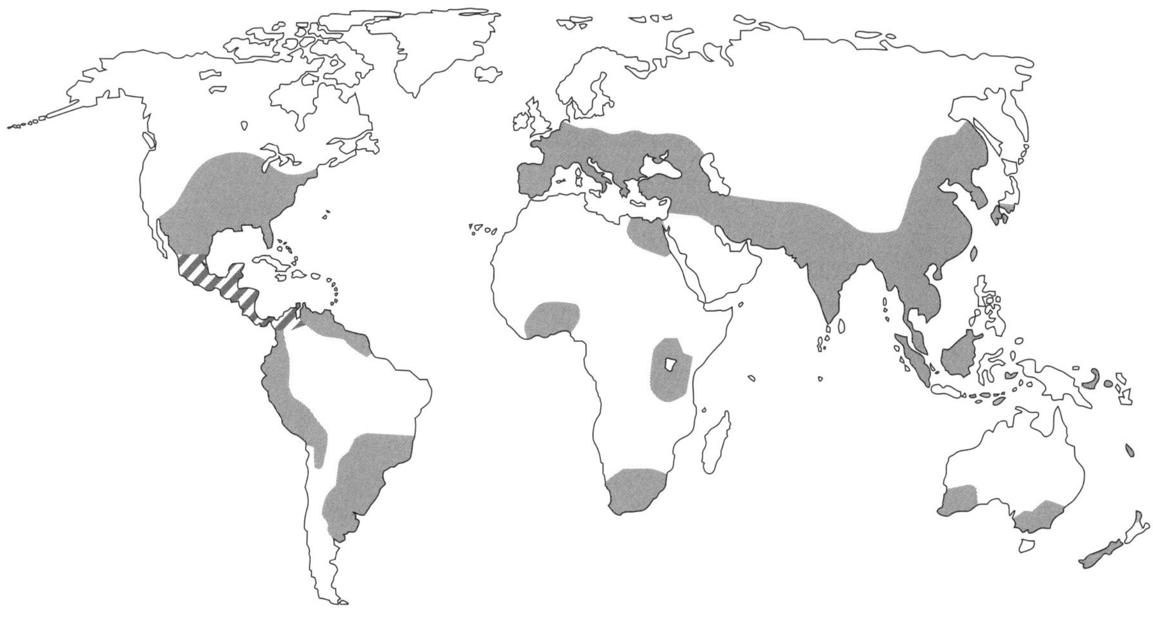

1. Mais – was ist das überhaupt für eine Pflanze? Erarbeiten Sie mithilfe der Literatur und des Internets einen Steckbrief dieser Pflanzenart!
2. Diskutiert wird, ob ein Zusammenhang besteht zwischen dem Ausmaß der Hochwasserkatastrophen an Oder und Elbe in den letzten Jahren und der Zunahme des Maisanbaus in diesen Gebieten. Erläutern Sie mithilfe Ihrer Recherche begründet, ob ein solcher Zusammenhang denkbar ist!
3. Berechnen Sie die prozentuale Zu- beziehungsweise Abnahme der Anbauflächen und der erzeugten Getreidemengen in der BRD für die angegebenen Zeiträume (M1)! Berechnen Sie die Erträge pro Hektar! Erläutern Sie die Entwicklung!
4. Erläutern Sie die weltweite Bedeutung von Mais (M2, M4)!

Probleme im Maisanbau

M1 Wachstum von Maispflanzen und Maiskolben auf einem Feld in Nordrhein-Westfalen 1998

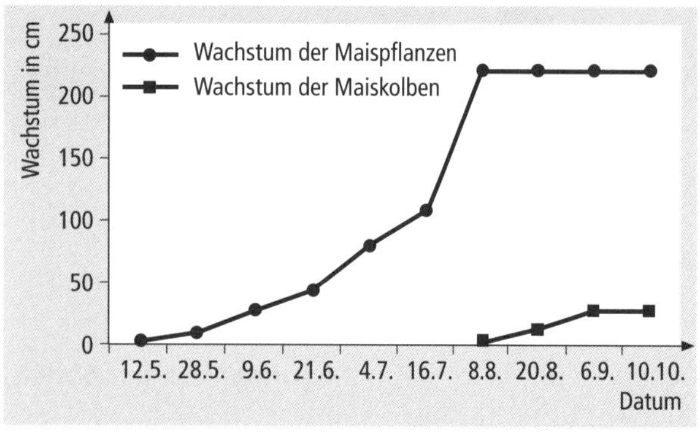

M2 Deckungsgrad einer nährstoffreichen Ruderalfläche mit Wildkräutern (eine Auswahl) Mitte Mai

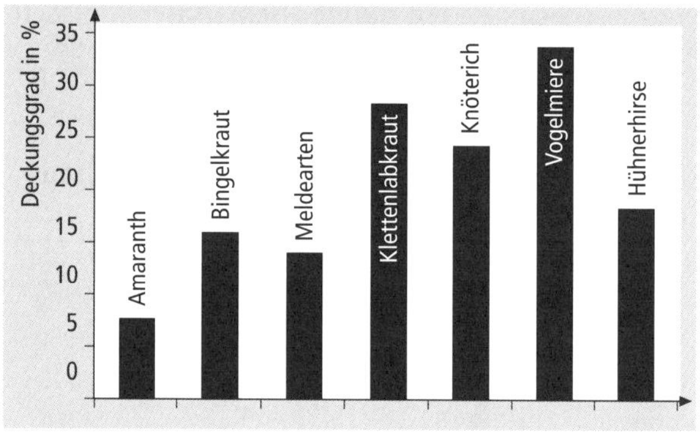

M3 Wirkung der Triazinderivate auf das Fotosystem II in der Thylakoidmembran

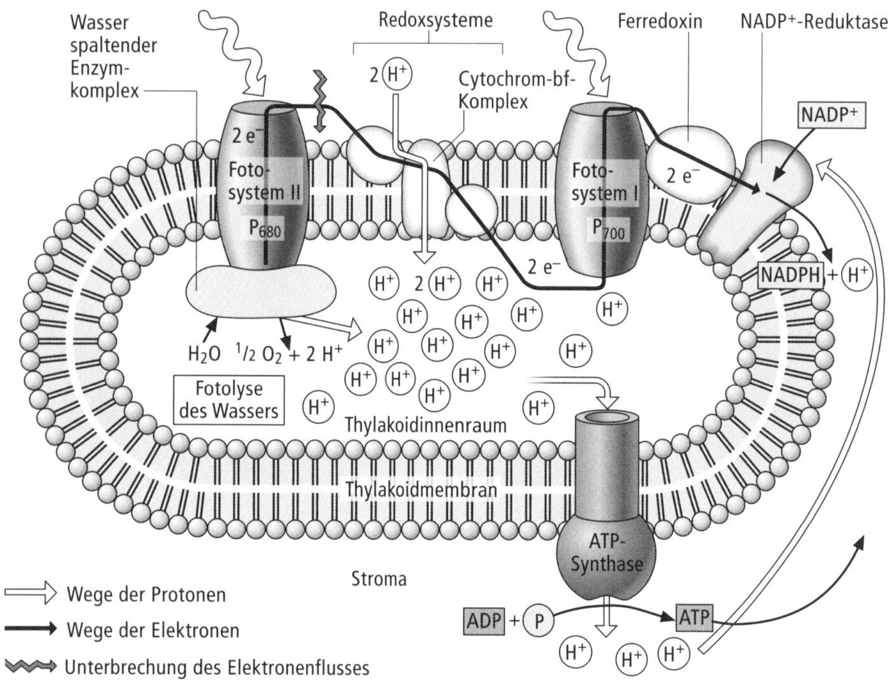

M4 „Unkräuter" in der Landwirtschaft

Pflanzenarten, die
- mit den Kulturpflanzen um Platz, Licht, Luft, Wasser und Mineralsalze konkurrieren und damit deren Entwicklung erschweren.
- die Pflege und Ernte behindern.
- Krankheiten und Schädlinge übertragen können.
- Giftstoffe enthalten und deshalb aus der Ernte beseitigt werden müssen.

1. Mais braucht ein biologisches Temperaturminimum von 8 bis 10 °C, um keimen zu können. Diese Temperatur wird in den meisten Gebieten Deutschlands erst Mitte Mai erreicht. Der Reihenabstand zwischen den Pflanzen sollte 65 Zentimeter betragen, um ein optimales Wachstum zu gewährleisten. Welche Probleme ergeben sich daraus für den Maisanbau? Wie lassen sich diese Probleme lösen (M1, M2, M4)?
2. Häufig im Maisanbau verwendete Herbizide waren die Triazinderivate Simazin und Atrazin. Beschreiben und erklären Sie mithilfe von M3 und Ihres Schulbuches die Wirkung der Triazinderivate auf die Fotosynthese! Welche Folgen hat der Einsatz der Triazinderivate für die Pflanzen?
3. Entwickeln Sie begründete Hypothesen, welche Folgen der langjährige Einsatz von Triazinderivaten für die Umwelt haben kann!

Das Atrazinverbot

M1 Triazinderivate

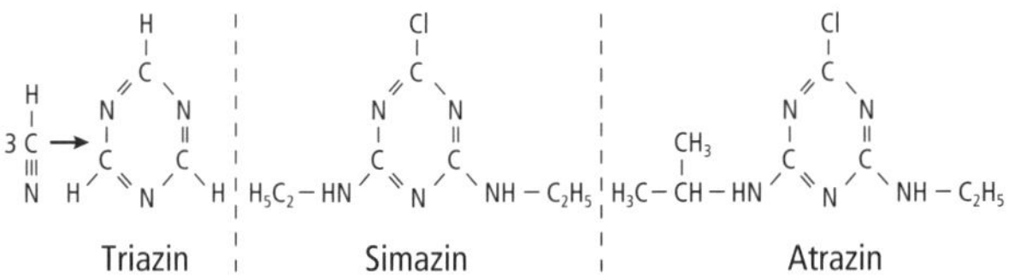

Die Markteinführung der Triazinderivate Simazin und Atrazin erfolgte 1956. Vor allem Atrazin erwies sich als hochwirksames Herbizid und wurde häufig im Maisanbau eingesetzt. Im Gegensatz zu den meisten Wildkrautarten verfügt Mais über arteigene Entgiftungsmechanismen für Triazinderivate:

- Ein arteigenes Enzym tauscht das Chlor-Atom gegen eine Hydroxid-Gruppe aus. In einem zweiten Reaktionsschritt wird $(\text{-NH-R})_2$ durch -NH_2 ersetzt.
- Nach Abspaltung des Cl-Atoms wird über eine S-Brücke ein Glutathion an das C-Atom gebunden.

Die so entstandenen Metaboliten sind als Herbizide unwirksam.

M2 Atrazin im Tierversuch

Als Letaldosis gilt die Konzentration, bei der 50 Prozent der Tiere verenden. Der behördlich festgelegte Grenzwert für die Atrazinkonzentration beträgt 0,1 Mykrogramm pro Liter Wasser.

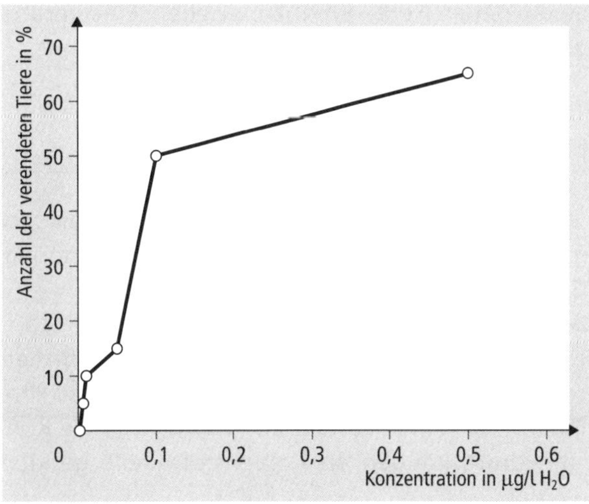

M3 Abbau des Herbizids Atrazin in verschiedenen Bodenschichten und im Grundwasser

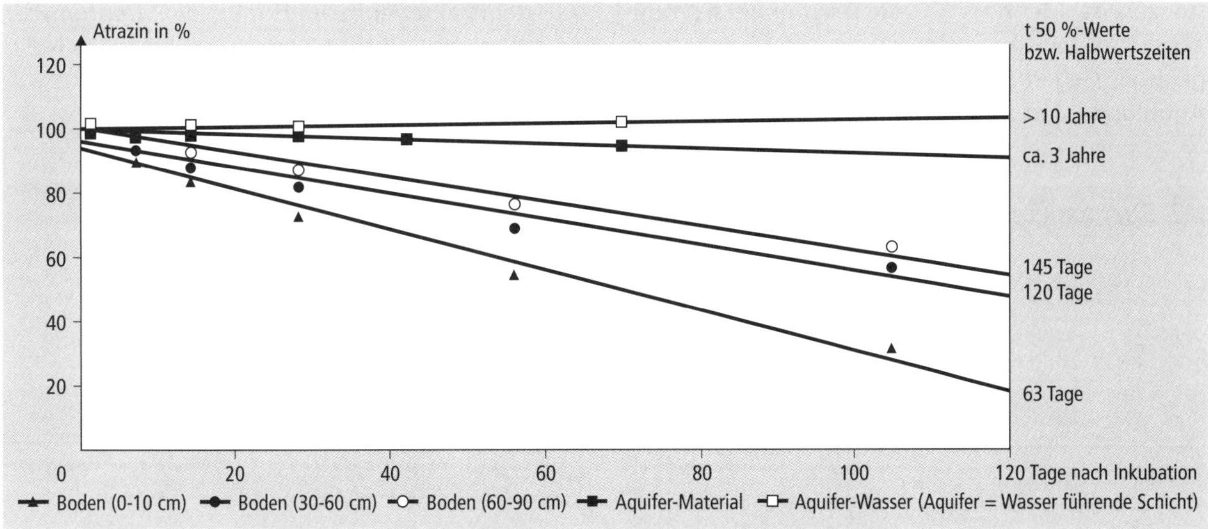

1. Arbeiten Sie aus M2 und M3 charakteristische Eigenschaften des Herbizids Atrazin heraus!
2. Triazinderivate gehören zu den Totalherbiziden, die ihre Wirkung unspezifisch gegen alle Pflanzenarten einsetzen. Erklären Sie, warum Atrazin dennoch im Maisanbau eingesetzt werden konnte (M1)!
3. In der Landwirtschaft wechselt man mit jeder Aussaat die Frucht (Fruchtwechsel), damit die Böden nicht auslaugen. Welche kurz- und langfristigen Auswirkungen haben die Eigenschaften des Atrazins auf diesen Fruchtwechsel?
4. Von 1956 bis 1991 wurden Triazinderivate in der Landwirtschaft der BRD verwendet. Seit 1991 ist das Ausbringen von Atrazin und Simazin verboten. Erläutern Sie die Gründe für dieses Verbot!

Die Suche nach Ersatz

Mitte der achtziger Jahre machte das bevorstehende Verbot von Atrazin die Suche nach einem umweltverträglicheren Herbizid notwendig. Streptomyceten sind gern und häufig Untersuchungsobjekte von Biochemikern und Mikrobiologen, da sie für manche Überraschung gut sind. Es lag daher nahe, sie in die systematische Suche nach einem neuen Herbizid einzubeziehen. Eine derartige systematische Suche wird Screening genannt.

M1 *Streptomyces*

Streptomyces ist eine der Hauptgattungen der grampositiven filamentösen Bakterien mit hohem Guanin-Cytosin-Gehalt, den Actinomyceten. Ihr Lebensraum ist der Boden, wo sie durch ihre Stoffwechselprodukte den typischen Bodengeruch hervorrufen. Sie sind strikt aerob, stellen aber an ihre Ernährung keine besonderen Ansprüche. Viele Kohlenhydrate können als Kohlenstoffquelle genutzt werden.
Diese umfangreiche Gattung, mehr als 500 Arten sind bekannt, besitzt große Bedeutung in Medizin, Landwirtschaft und Industrie, da sie ein bedeutender Produzent von Antibiotika und anderen Substanzen ist. Mehr als 50 von *Streptomyces* produzierte Antibiotika werden heute wirtschaftlich genutzt. Gegen die von ihnen selbst produzierten Antibiotika sind die einzelnen Arten resistent.

M2 *Streptomyces*

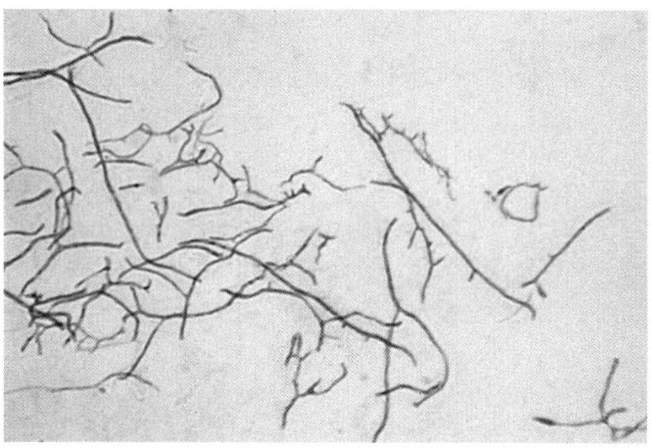

Die Filamente sind 0,8 µm breit.

M3 Isolierung und Screening von *Streptomyces*

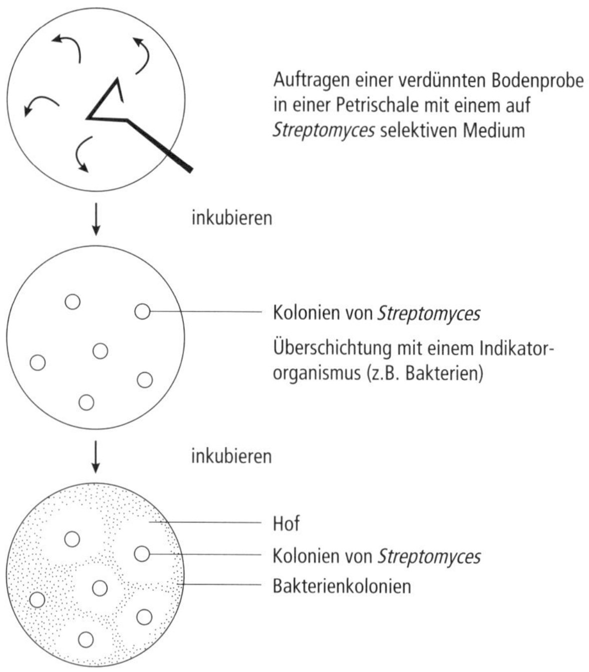

M4 Funktion von PT und PAT

Aus dem bakterienfreien Hof um die *Streptomyces*-kolonien herum ließen sich zwei Substanzen isolieren:
- Phosphinotricin = PT
- PT-acetyl-transferase = PAT

Um die Funktion der beiden Stoffe zu untersuchen, wurde folgender Versuch durchgeführt:

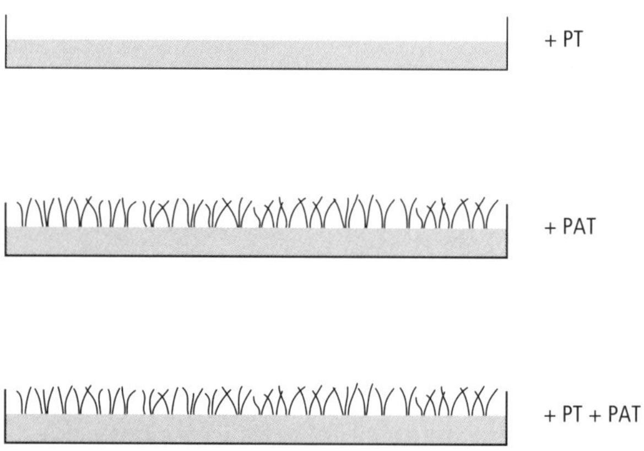

Kulturgefäße mit Kressesamen

1. Beschreiben Sie die Methode, mit deren Hilfe *Streptomyces* isoliert und gescreent wird (M3)!
2. Formulieren Sie Hypothesen zur Erklärung der Beobachtungen (M3)!
3. Überprüfen Sie Ihre Hypothesen mithilfe der Versuchsergebnisse (M4)!

„BASTA"

M1 „BASTA"

Bei tierischen Organismen unterscheidet man zwischen essenziellen und nicht essenziellen Aminosäuren, je nachdem ob sie die Aminosäuren mit der Nahrung aufnehmen müssen oder selbst in ihrem Organismus produzieren können. Da Pflanzen im Gegensatz zu tierischen Organismen autotroph und nicht heterotroph leben, sind für sie alle Aminosäuren nicht essenziell. Ausgangssubstanz für die Produktion der Aminosäure Glutamin und in weiteren Schritten von Arginin, Prolin und Histidin ist die α–Ketoglutarsäure, ein Zwischenprodukt des Citratzyklus. Bei diesem Stoffwechselprozess wird die α–Ketoglutarsäure in einer ersten Reaktion zu Glutaminsäure und in einem zweiten Schritt zu Glutamin umgebaut. Bei der Reaktion wird für die Bildung der Aminogruppen der Aminosäuren Ammoniak (NH_3) in das Molekül eingebaut. Ammoniak ist ein Zellgift, das in anderen Stoffwechselprozessen als Endprodukt anfällt. Die Reaktion von Glutaminsäure zu Glutamin wird von dem Enzym Glutaminsynthetase katalysiert, einem Schlüsselenzym der Stickstoffassimilation im Stoffwechsel von Pflanzen und Mikroorganismen.

M2 Reaktion der Glutaminsäure zu Glutamin unter Verbrauch von Ammoniak, katalysiert von dem Enzym Glutaminsynthetase

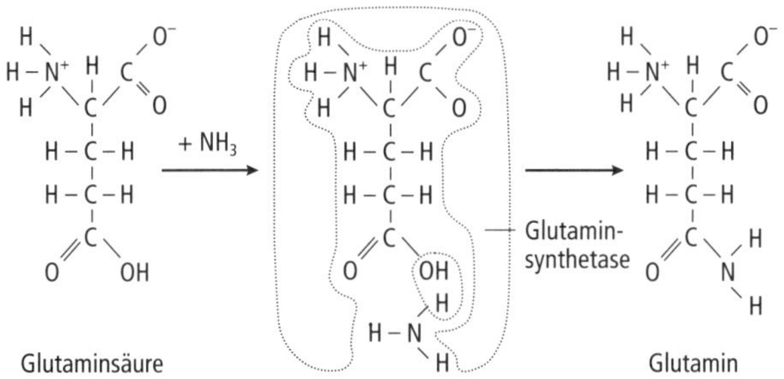

M3 Glufosinat

Phosphinotricin (PT) ist ein Tripeptid, das heißt es besteht aus drei Aminosäuren. Auf die Aminosäure Glufosinat geht die Wirkung des PTs zurück.

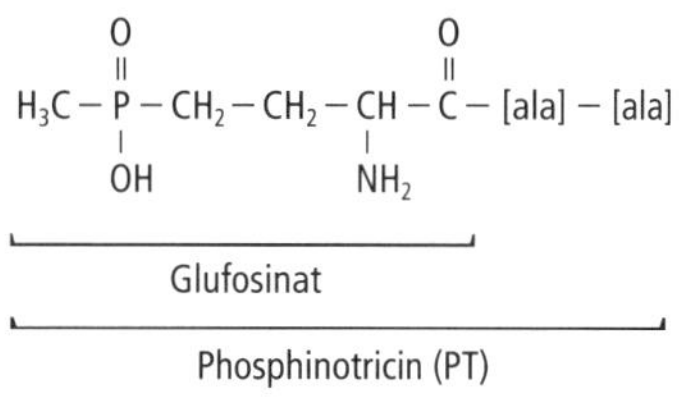

M4 Bindung des Glufosinats an die Glutaminsynthetase

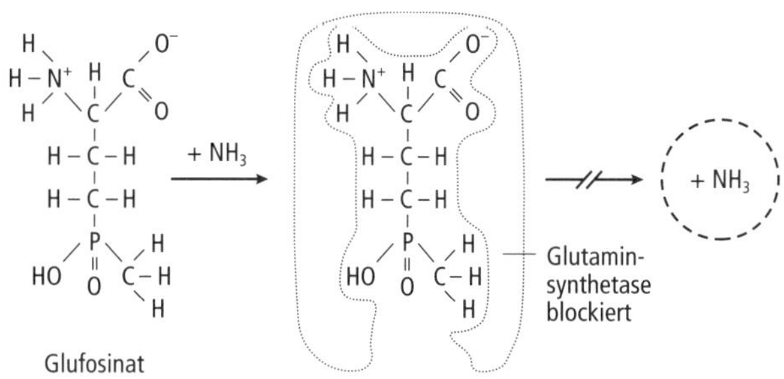

M5 Reaktion von Glufosinat zu N-Acetyl-Phosphinotricin, katalysiert von PT-acetyltransferase (PAT)

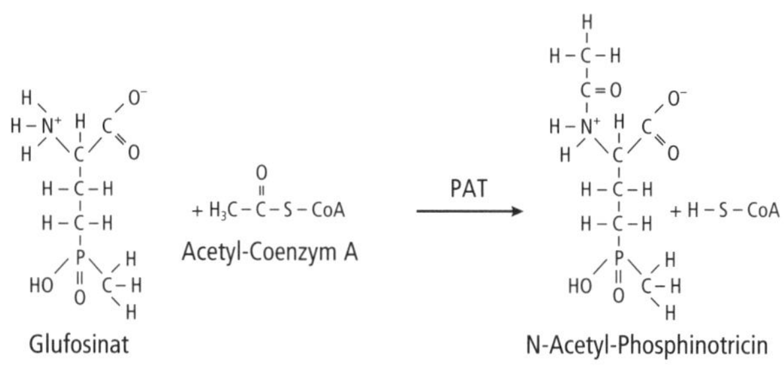

1. Stellen Sie die Stoffwechselprozesse von der α–Ketoglutarsäure bis zur Bildung der drei Aminosäuren Glutamin, Arginin und Prolin in einem Fließdiagramm dar (M1)!
2. Glutaminsynthetase gilt als Schlüsselenzym der Stickstoffassimilation im Stoffwechsel von Pflanzen und Mikroorganismen. Erläutern Sie die beiden Gründe hierfür!
3. Die Wirkungen von Phosphinotricin und PT-acetyl-transferase sind Ihnen auf phänomenologischer Ebene bekannt (siehe Seite 48: „Die Suche nach Ersatz"). Benennen und erklären Sie die Wirkungen dieser beiden Substanzen auf molekularer Ebene (M2 bis M5)! Wie wirkt Phosphinotricin (Glufosinat)? Wie schützt sich *Streptomyces* vor Phosphinotricin (Glufosinat)?
4. Glufosinat wurde durch Hydrolyse aus dem Phosphinotricin gewonnen und kam unter dem Produktnamen „BASTA" als Totalherbizid in den Handel. Welche Schritte waren vor dem Einsatz von „BASTA" im Maisanbau zwingend erforderlich?

Protoplastentechnik

M1 Protoplastentechnik

Für den Einsatz von „BASTA" im Maisanbau war es notwendig, das dominante, PT-acetyl-transferase codierende *pat*Gen in das Genom der Maispflanzen zu integrieren. 1990 gelang dies mithilfe der Protoplastentechnik. Entfernt man Mittellamelle und Zellwand pflanzlicher Zellen, stellt also Protoplasten her, so sind diese nach Zugabe von Polyethylenglykol in der Lage, mittels Endocytose fremde DNA aufzunehmen und an einer beliebigen Stelle in ihre Erbinformation einzubauen. Die Erfolgsaussichten bei dieser Technik liegen bei 1 zu 20 Millionen.
Das Original-*pat*Gen aus *Streptomyces* enthält Guanin und Cytosin in einer Häufigkeit, wie dies bei Pflanzen unüblich ist. Angeboten wurde den Protoplasten daher nicht das Original-Gen aus den Streptomyceten, sondern ein künstlich synthetisiertes.

M2

Pektinase:
Enzym zum Abbau des Pektins. Die Mittellamelle zwischen zwei Zellwänden besteht aus Pektin.

Cellulase:
Enzym zum Abbau der Cellulose. Cellulose ist Hauptbestandteil der pflanzlichen Zellwand.

Auxin:
Pflanzlicher Wuchsstoff (Phytohormon), fördert in hohen Konzentrationen in Abhängigkeit vom Cytokiningehalt die Kallus- und Wurzelbildung.

Cytokinin:
Phytohormon, stimuliert die Zellteilungsaktivität und regt in hohen Konzentrationen die Sprossbildung an.

M3 Schematische Darstellung der Protoplastenherstellung und Regeneration von Maispflanzen

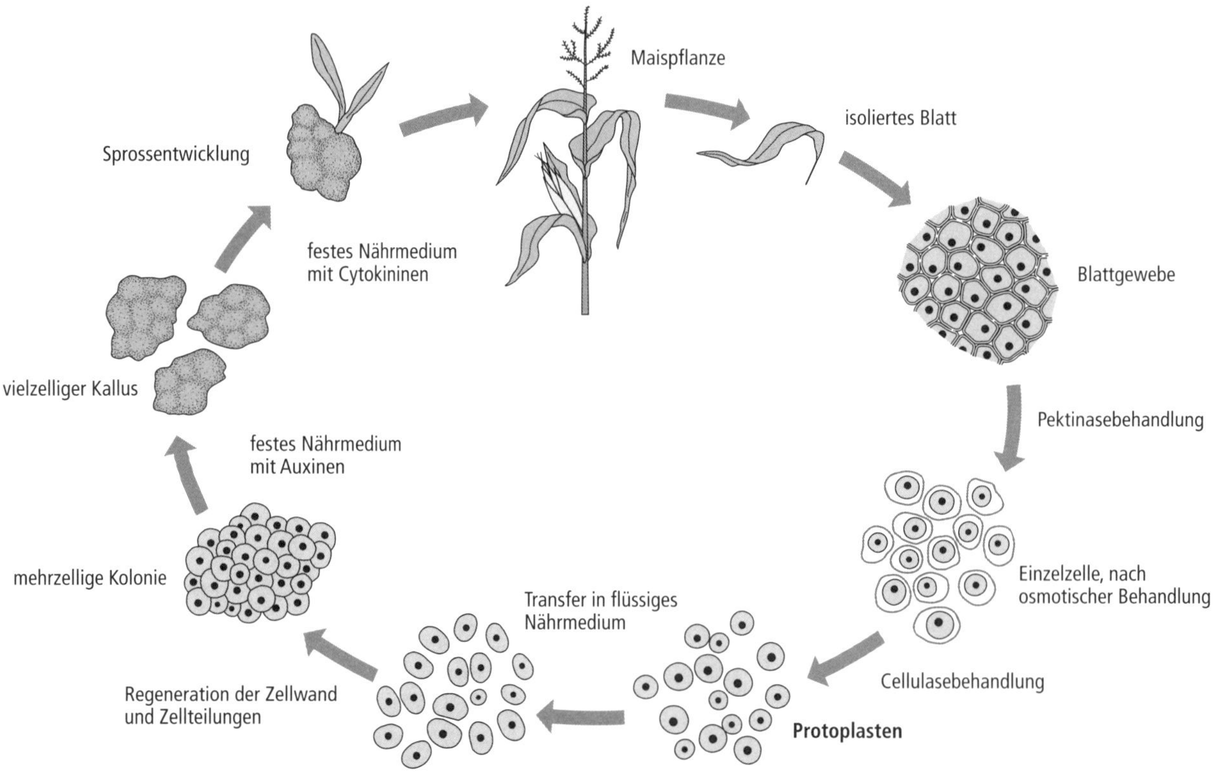

1. Informieren Sie sich im Schulbuch über den Vorgang der Endocytose!
2. Welche konkreten Änderungen mussten bei dem *pat*Gen vorgenommen werden?
3. Erläutern Sie die einzelnen methodischen Schritte bei der Protoplastentechnik (M1, M3)! In welcher Phase kann ein Gen von der Pflanzenzelle aufgenommen werden?

Lösungen

Vorwissen: Enzymatik, Fotosynthese

Die Entwicklung des Maisanbaus

1. Der Mais ist ein sommerannuelles, einjähriges, stark zehrendes C_4-Süßgras, maximal sechs Meter hoch. Der Stängel wird durch sprossbürtige Stützwurzeln gehalten. Auf beiden Seiten des Blattes befinden sich Spaltöffnungen. Das Temperaturoptimum liegt bei 30 °C. Der Wasserbedarf ist, anders als bei einheimischen Getreidesorten, sehr hoch, vor allem in der zweiten Vegetationshälfte. Mais ist die älteste bekannte Nutzpflanze und stammt ursprünglich aus Mittelamerika. Sie wurde 1520 von Columbus nach Europa gebracht und zunächst als Zierpflanze angebaut. Heute steht sie an zweiter Stelle in der Weltgetreideproduktion.
2. Mais benötigt während der Vegetationsphase insgesamt nur etwa 210 Liter Wasser. Der Wasserbedarf ist vor allem in der ersten Vegetationshälfte niedriger als bei einheimischen Getreidearten. Viele Maisfelder werden mit Drainagen versehen, um das Regenwasser schneller in Bäche und Flüsse abfließen zu lassen. Die Konsequenz sind Überschwemmungen.
3.

	Zu- oder Abnahme in Prozent der Anbaufläche	Getreidemenge
Getreide ohne Mais	−25	61
Mais	3933	15075

	Erträge in Tonnen pro Hektar	
Getreide ohne Mais	1948–1952	2,33
	1980–1982	4,53
	1996–1999	5,01
Mais	1948–1952	2,22
	1980–1982	6,27
	1996–1999	8,36

Die Anbaufläche für Getreide ist in dem angegebenen 50-Jahre-Zeitraum um 25 Prozent gesunken, die Erträge pro Hektar haben sich mehr als verdoppelt. Die Anbaufläche für Mais hat sich in diesem Zeitraum vervierzigfacht, die Erträge pro Hektar haben sich nahezu vervierfacht. Mehr und größere Anbauflächen sind erschlossen und die Ertragsleistung der Pflanzen ist züchterisch verbessert worden.

4. Mais gehört neben Weizen zu den beiden wichtigsten Getreidearten der Erde und wird heute weltweit angebaut. Über 90 Prozent der Erträge werden als Tierfutter und als Lebensmittel verwendet. Die Bedeutung von Mais als industrieller Rohstoff ist im Verhältnis dazu gering.

Probleme im Maisanbau

1. Mais keimt als Wärme liebende Pflanzenart relativ spät, etwa Mitte Mai. Die Pflanzen benötigen bei guten Wachstumsbedingungen vier Wochen, um eine Höhe zu erreichen, die über der der meisten Wildkräuter liegt. Das Kolbenwachstum setzt erst mit beendetem Längenwachstum ein. Maispflanzen brauchen einen weiten Reihenabstand, um nach erfolgtem Längenwachstum nicht miteinander zu konkurrieren. Mitte Mai sind Ruderalflächen vollständig mit Wildkräutern bedeckt. Der Deckungsgrad beträgt mehr als 100 Prozent, da Pflanzen in Stockwerken wachsen. Diese Wildkräuter stellen im Maisanbau Unkraut dar, sie konkurrieren mit dem Mais um wichtige Ressourcen. Aufgrund des frühzeitigeren Wachstums würden die Maispflanzen verdrängt werden. Maisanbauflächen müssen entweder gehackt oder mithilfe von Herbiziden frei von Unkraut gehalten werden.
2. Triazinderivate blockieren die Antennenpigmente des Fotosystems II und hemmen den Elektronentransport. Die Fotosynthese kommt zum Erliegen, die Pflanzen sterben ab.
3. Der langjährige Einsatz von Triazinderivaten kann führen zu
   - einer Verarmung der Wildkrautflora und in Folge zu einer Verarmung der einheimischen Fauna.
   - einer zunehmenden Häufigkeit von Resistenzen bei anderen Pflanzenarten.
   - Problemen bei der Fruchtfolge, wenn die Halbwertszeit beim Abbau der Triazinderivate lang ist.

Das Atrazinverbot

1. Charakteristische Eigenschaften des Atrazins sind seine lange Halbwertszeit und seine Giftigkeit. Die lange Halbwertszeit führt zu einer Anreicherung des Atrazins im Wasser, im Grundwasser und in der Aquifer-Schicht. Der behördlich festgelegte Grenzwert wird über den im Tierversuch ermittelten LD-Wert (**L**etal**d**osis) bestimmt.
2. Mais besitzt arteigene Entgiftungsmechanismen für Triazinderivate. Die die Fotosynthese hemmende Wirkung wird dadurch aufgehoben. Somit hat Mais den für einen erfolgreichen Anbau notwendigen Konkurrenzvorteil gegenüber den meisten Wildkrautarten.
3. Die Halbwertszeit des Atrazins im Boden beträgt zwischen 63 und 145 Tagen. Das ist länger als die Vegetationsperiode in einem Kalenderjahr. Damit kann nach dem Ausbringen von Atrazin im selben Jahr keine andere Nutzpflanze als Mais auf einem Acker angebaut werden. Die Anreicherung des Atrazins im Boden verringert in den Folgejahren die Erträge bei anderen Nutzpflanzen. Das häufigere Anbauen von Mais führt zum Auslaugen der Böden.
4. Die lange Halbwertszeit, die hohe Giftigkeit, die Anreicherung in Wasser, Grundwasser und Böden, die reduzierte Fruchtbarkeit der Ackerböden, aber auch das Auftreten resistenter Problemunkräuter wie dem Klettenlabkraut führten zum Verbot der Triazinderivate.

Die Suche nach Ersatz

1. Der Nährboden ist so zusammengesetzt, dass er auf *Streptomyces* selektiert. Alle anderen Bodenorganismen der Probe können nicht überleben. Nach einigen Tagen (Inkubationszeit) entstehen Kolonien, die mit einem Indikatororganismus, meist anderen Bakterien oder niederen Pilzen, überschichtet werden. Nach einer erneuten Inkubationszeit erkennt man, dass einige der *Streptomyces*kolonien von bakterienfreien Höfen umgeben sind, andere von dem Indikatororganismus überwachsen werden.

2. Zu unterscheiden sind mindestens zwei Formen von *Streptomyces* auf dieser Petrischale.
   Hypothesen:
   Streptomyces mit bakterienfreien Höfen scheiden eine Substanz aus, die hemmend auf das Wachstum des Indikatororganismus wirkt. Die Substanz produzierende *Streptomyces*kolonie ist gegen diesen Stoff resistent.
   Streptomyces ohne bakterienfreie Höfe verfügen nicht über diese Substanz.
3. Die das Wachstum des Indikatororganismus hemmende Substanz ist PT. PAT allein hat keine hemmende Wirkung, PAT hebt die Wirkung des PTs auf. Somit ist PAT für die Resistenz gegen PT bei *Streptomyces* verantwortlich.
   PT wirkt nicht nur gegen Bakterien, sondern auch gegen Pflanzen.

„BASTA"

1.

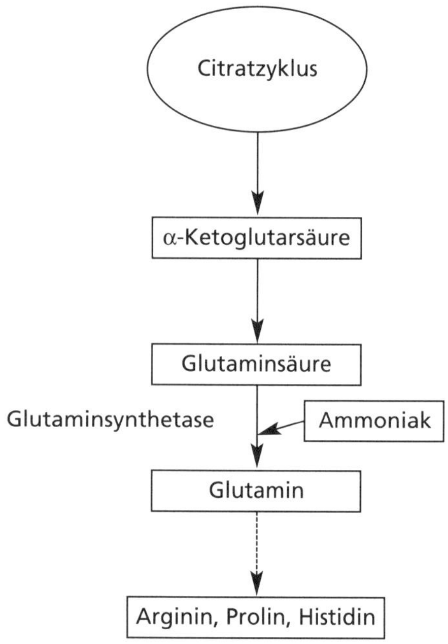

2. Glutaminsynthetase gilt als Schlüsselenzym wegen der
   - Beteiligung an der Bildung von Aminosäuren der Glutamatfamilie (Glutamin, Arginin, Prolin) und von Histidin.
   - Entgiftung der Zellen von Ammoniak (NH_3).
3. Zu den phänomenologischen Wirkungen siehe Seite 48: „Die Suche nach Ersatz".
   Die Reaktion von Glutaminsäure zu Glutamin mithilfe des Enzyms Glutaminsynthetase ist eine enzymatische Reaktion nach bekanntem Muster. Glutaminsäure und Ammoniak lagern sich in das aktive Zentrum des Enzyms ein und werden zu Glutamin umgesetzt. Die Reaktion erfolgt nach dem Schlüssel-Schloss-Prinzip.
   Glufosinat hat eine ähnliche räumliche Struktur wie Glutaminsäure und kann sich in das aktive Zentrum der Glutaminsynthetase einlagern (kompetitive Hemmung). Eine Reaktion mit Ammoniak kommt nicht zustande, da die notwendige reaktive Hydroxid-Gruppe an der entsprechenden Stelle fehlt. Da Ammoniak in anderen Stoffwechselprozessen ständig als Zellgift anfällt, aber nicht neutralisiert wird, steigt die Ammoniakkonzentration bis zum Absterben der Zelle an.
   PAT katalysiert die Reaktion von Glufosinat und Acetyl-Coenzym A zu N-acetyl-Phosphinotricin.
   N-acetyl-Phosphinotricin hat eine andere räumliche Struktur als Glufosinat und Glutaminsäure und kann sich nicht in das aktive Zentrum der Glutaminsynthetase einlagern.
4. Phosphinotricin wirkt nicht nur gegen viele Mikroorganismen, sondern auch gegen Pflanzen. Vor dem Einsatz als Herbizid im Kulturpflanzenanbau muss den Kulturpflanzen eine Resistenz gegen PT verliehen werden.

Protoplastentechnik

1. Als Endocytose bezeichnet man die Aufnahme von makromolekularen Stoffen in die Zelle. Mithilfe bestimmter Bereiche des Plasmalemmas wird das aufzunehmende Material eingeschlossen und in Form von Bläschen in das Zellinnere abgegeben.
2. Der genetische Code ist degeneriert. Codierungen, die viel Cytosin und Guanin enthalten, werden im künstlich synthetisierten Gen ausgetauscht gegen mögliche andere mit Adenin und Thymin, zum Beispiel: Arg: CG* gegen AGA.
3. Das Blattgewebe eines isolierten Maisblattes wird mithilfe von Pektinase in Einzelzellen zerlegt. Pektinase löst die aus Pektin bestehende Mittellamelle auf, beseitigt also den Zellverband. Aufgrund einer osmotischen Behandlung löst sich das Plasmalemma von der Zellwand und ist so bei dem nächsten Schritt vor möglichen Beschädigungen geschützt. Die Behandlung mit Cellulase löst die Zellwand auf, die Zelle liegt als Protoplast vor. In diesem Stadium wird dem Protoplasten nach Zugabe von Polyethylenglykol DNA angeboten, die dieser mittels Endocytose aufnimmt. Pflanzenzellen sind totipotent, aus jeder Zelle kann sich eine vollständige neue Pflanze bilden. Geeignete Nährmedien unterstützen die Zellteilung. Auxine und Cytokinine fördern die Bildung des Kallus (Zellhaufen), der Wurzel- und Sprossbildung.
   Hat der Protoplast die DNA aufgenommen, an einer geeigneten Stelle im Genom integriert und ist außerdem in der Lage, die Information zu lesen und mithilfe seines Stoffwechselapparates in Genprodukte umzusetzen, kann es zur Bildung neuer Pflanzen mit der gewünschten Eigenschaft kommen. Bei der Übertragung des *pat*Gens auf den Mais waren dafür 20 Millionen Protoplasten notwendig.